**성지**가 좋다
**여행**이 좋다

INSPIRED TRAVELLER'S GUIDE:SPIRITUAL PLACES

First published in 2018 by Aurum Press,
an imprint of The Quarto Group.

힐링과 믿음의 땅으로 떠나는 세계여행

# 성지가 좋다 여행이 좋다

지은이 세라 백스터 | 일러스트 해리 골드호크, 자나 골드호크
옮긴이 최경은

올댓북스

# 목 차

# 들어가며

그대로 멈춰 서서 가만히 귀 기울여보라. 풍경이 무엇인가 들려주려는 게 분명하다. 수직 거석이 널린 구불구불한 시골길을 따라 걷다 보면 확실히 들려온다. 풀 잎사귀가 한 잎 한 잎 나풀대고, 덤불에 이야기꽃이 피고, 바람이 속삭인다. 굴곡, 능선, 오르막 모두 지형 그 이상의 의미를 지닌다. 마치 다른 세상의 영혼들이 자신의 이야기를 들려주고 싶어 안달하는 것 같다. 이들의 주파수에 딱 맞출 수 있다면, 신성한 장소에 깃든 영혼의 속삭임을 들을 수 있다면….

사람마다 각자 자신의 영혼이 젖어 드는 특정 장소가 있다. 장소에 얽힌 이야기나 겉모습이 외부 감각기관을 만족시키기 때문이 아니다. 아무렴, 그럴 리가! 거기에서 조금 더 나아가

피부로 스며들고 내면 깊숙한 곳까지 파고들어 자기 자신에 대해, 어쩌면 인간 존재의 근본에 대해 새로운 질문을 던지게 만들기 때문이다.

성지聖地라고 해서 여타의 이름난 유적지보다 더 아름답고 경이로운 면모를 지닌 것은 아니다. 반드시 독특하고 기념비적이라고도 할 수 없다. 물론 이 모든 특성이 다 녹아 있는 곳도 있겠지만, 성지에는 약간의 묵직함이 더 깃들어 있다. 수백 년, 아니 수천 년 동안 조상들의 숭고한 염원을 담은 신성神聖이 흐르기 때문일 것이다. 수십억 명의 소망과 기도의 힘이 뒷받침하고 있으므로.

어느 성지에 도착하였을 때, 감탄사가 흘러나오는 포인트가 단지 지질학적 기이함이나 건축공학적 탁월함에 있는 것이 아니다. 에펠탑은 매우 훌륭하지만 척추를 타고 내려오는 초월적인 전율을 선사하는 건 아니다.

반면 영적인 장소에서는 바위, 벽돌, 진흙, 모르타르를 보더라도 이면에 숨겨진 이야기들을 함께 음미하게 된다. 그리고 지금 당신이 서 있는 그 자리에 서 있던 조상들, 그리고 그들이 간직해온 꿈, 두려움과 교신한다. 현재 당신의 신앙과 감정이 무엇이든 이 신성한 장소가 이전에 살았던 수백, 수천, 수백만의 사람들에게 많은 것을, 어쩌면 전부를 의미했다는 사실을 부인

할 수 없다.

이 책의 목표는 보이는 것이 전부가 아닌 장소들, 즉 마법과 미스터리에 신성 한 스푼 얹은 장소들로 당신을 안내하는 것이다. 근사한 삽화는 지구 곳곳에 있는 25개 성지의 진면목을 더 생생하게 드러낼 것이다. 푹신한 안락의자에 앉아 가볍게 책장을 넘기는 것만으로도 다양한 종교와 신앙을 넘나드는 여행을 즐기게 될 것이다.

바다 위를 날아 대륙을 이동하기도 할 것이고, 산맥을 타거나 사막을 가로지르기도 할 것이다. 때론 분주한 도시의 번화가를 거닐기도 할 것이다. 성지는 어느 특정한 형태에 국한된 것이 아니기 때문에 더 주요한 상징성이 있다면 구조가 어떻든 서로 연관성이 있다.

예를 들어 아이티에서는 가톨릭의 요소가 합쳐진 부두교의 신자들이 정글에 있는 계단식 폭포에 가서 기도를 한다. 그런가 하면 미얀마에서는 불교 신자들이 금박을 입힌 높은 계단식 인공 탑에 가서 참배를 한다. 자연이든 인공이든, 아름다움과 신성의 형태는 다를지언정 똑같이 영성으로 충만하다.

대자연에는 순례를 떠나게 하는 힘이 있는 장소가 많이 존재해왔다. 실제로 대자연의 창조물 중 일부는 인간이 저항할 수 없을 정도로 막강한 내면 에너지를 발휘한다. 어떤 신화든지 특정 산에 기반을 둔다. 문명을 일으켰다고 하는 호수가 있으며 생명 자체의 본질이라고 하는 강도 있다.

티베트에 있는 카일라스산을 예로 들어보자. 당당하고 고독한 자태에 웅장한 엄숙미가 흐른다. 아시아의 가장 중요한 강들의 발원지이기도 하다. 한낱 보잘것없는 인간으로서 이 범접할 수 없는 거대한 바위산에 어떻게 초월적인 의미를 부여하지 않을 수 있었겠는가?

압도적인 규모에 마음이 동하는 데에 반드시 불교, 본교, 자이나교, 힌두교 신자여야 하는 것은 아니다. 신자들이 카일라스산에 대한 신념을 서로 나누는 것을 본다거나 봉우리 앞에서 오체투지하며 기도하고 눈물 흘리는 것을 목격하는 것만으로도 얼마든지 감정이 고양된다.

이 책을 구성하는 또 다른 중심은 경배라는 특정 목적을 위해 세운 건물이다. 인간은 유구한 역사 속에서 셀 수 없이 많은 사원, 성막, 교회, 수도원, 모스크, 신사, 사리탑, 회당, 탑 등 갖가지 형태의 성소를 지었다.

그중 상당수는 성소를 지을 수밖에 없을 정도로 세상이 발칵 뒤집힌 사건이 일어난 곳에 있다. 예를 들어 프랑스의 루르드 성지가 그렇다. 현재 매년 수백만 명의 신자들이 방문하는 대규모 순례 단지로 성당, 성수 입욕탕, 봉헌 양초와 묵주를 파는 상점이 곳곳에 들어서 있다.

그 중 줄이 가장 길게 늘어선 곳은 순수한 어린 소녀에게 성모 마리아가 발현했던 작고 소박한 기적의 동굴이다. 그 중심에는 인간이 한때 신성과 연결된 지점이 보존되어 있다.

세계 어디에서나 어느 시대이거나 사람들은 그들만의 신성한 것을 창조했다. 황량한 서부 지대에서 삶의 의미를 헤아렸던 아메리카 원주민도, 불안정한 화산 폭발에 적응하기 위해 신화를 창조한 뉴질랜드 마오리족도, 남미 제국을 다스리기 위해 고유한 신을 만든 잉카족도 인간은 항상 자기 주변 세계를 설명하기 위한 이야기와 시스템을 구축해왔다.

직접 방문하든 책장을 넘기든, 여행을 함으로써 그 시스템들 간의 다채롭고 놀라운 차이점이 눈에 들어오게 되고, 질서와 설명을 향한 보편적인 열망에 고개가 끄덕여지는 유사점도 보이게 된다.

이 책에서 미처 다루지 못한 성지도 많다. 예를 들어 이란의 사막 한가운데에 있는 불의 사원 피르 에 사브즈Pir-e-Sabz가 그렇다. 이곳은 조로아스터교의 유명한 순례지로 험준한 바위산 중턱에서 영원히 타오르는 불꽃을 내뿜는 사원이다. 또한 탄자니아 사바나 초원에 올 도이뇨 렝가이Ol Doinyo Lengai라는 활화산도 하나의 챕터가 될 수 있었다. 특이한 용암이 흘러나와 마사이족이 '신의 산'으로 숭배하는 곳이다.

여러 시대에 걸쳐 인류가 우리 행성을 이해하려고 노력해왔고 오늘날에도 여전히 그렇게 하고 있는 장소들—흥미진진하고 스릴 넘치고 믿음 가득하고 매혹적인 장소들이 수없이 많다. 아직도 전해져야 할 신성한 이야기들 역시 무척 많다….

**장소** 스페인 북서부 산티아고 데 콤포스텔라(Santiago de Compostela)

**특징** 사도 성 야고보의 묘지로 향하는 중세 기독교 순례길

## 산티아고 순례길

CAMINO DE SANTIAGO

잠시 멈추어 비옥한 갈리시아Galicia 땅에 손을 대보라. 당신과 같은 발자국이 천 년이 넘는 세월 동안 지나간 곳이다. 수도사, 극빈자, 군주, 참회자, 간절한 자, 배낭 여행객, 무신론자, 평범한 일반인, 이 모든 발자국의 사연을 이 땅이 들려줄 수 있다면. 모든 발걸음은 스페인을 가로질러 성 야고보(Santiago, 영어명 Saint James)의 시신이 안치된 곳을 향한다. 각자 나름의 이유를 가지고 떠나는 산티아고 순례길이다. 역사, 영성, 친목, 모험의 여정….

순례길에 담긴 이야기는 기독교 역사만큼 오래되었다. 예수의 부활 이후 성 야고보는 교회의 지도자가 되었다. 그는 그리

스도의 복음을 전파하기 위해 예루살렘에서 스페인으로 갔다가 다시 예루살렘에 돌아온 후 순교했다고 전해진다. 성 야고보의 시신은 배에 실려 스페인 북서부에 당도한 후 묻혔으나 곧 사람들의 기억에서 사라졌다.

그렇게 9세기가 되었다. 서기 815년경 펠라요Pelayo라는 은둔 수도사가 리브레돈Libredon 산속 어느 한 지점에 빛이 쏟아지는 장면을 목격했다. 자세히 조사해보니 로마 시대의 무덤으로 성 야고보의 것임이 확인되었다. 그 자리에 성당이 건립되었고 주변으로 산티아고 데 콤포스텔라Santiago de Compostela라는 도시가 형성되었다. 순례자들이 모여들기 시작하더니 300년 만에 산티아고는 유럽 최고의 순례지가 되었다.

페레그리노(peregrino, 순례자)들은 구원을 찾아 대륙을 건너서도 왔다. 순례길은 산티아고의 성지에서 거미줄처럼 뻗어나간다. 이중 프랑스에서 출발하는 프랑스 길Camino Frances이 가장 인기가 많은 구간이다. 피레네산맥 바로 북쪽에 있는 생장피드포르St-Jean-Pied de-Port부터 산티아고까지의 거리는 약 780킬로미터에 이른다.

피레네산맥을 넘은 순례자들은 서쪽으로 향했다. 오늘날의 나바라Navarra 지방과 포도밭이 펼쳐지는 라 리오하La Rioja 지방을 지나 카스티야 레온Castile and León 지방의 드넓은 메세타

산티아고 데
콤포스텔라
Santiago de
Compostela
사리아
Sarria
오 세브레이로
O Cebreiro
멜리데
Melide
사모스
Samos
폰페라다
Ponferrada
레온 Le
아스토
Astc
포르투갈
Portugal

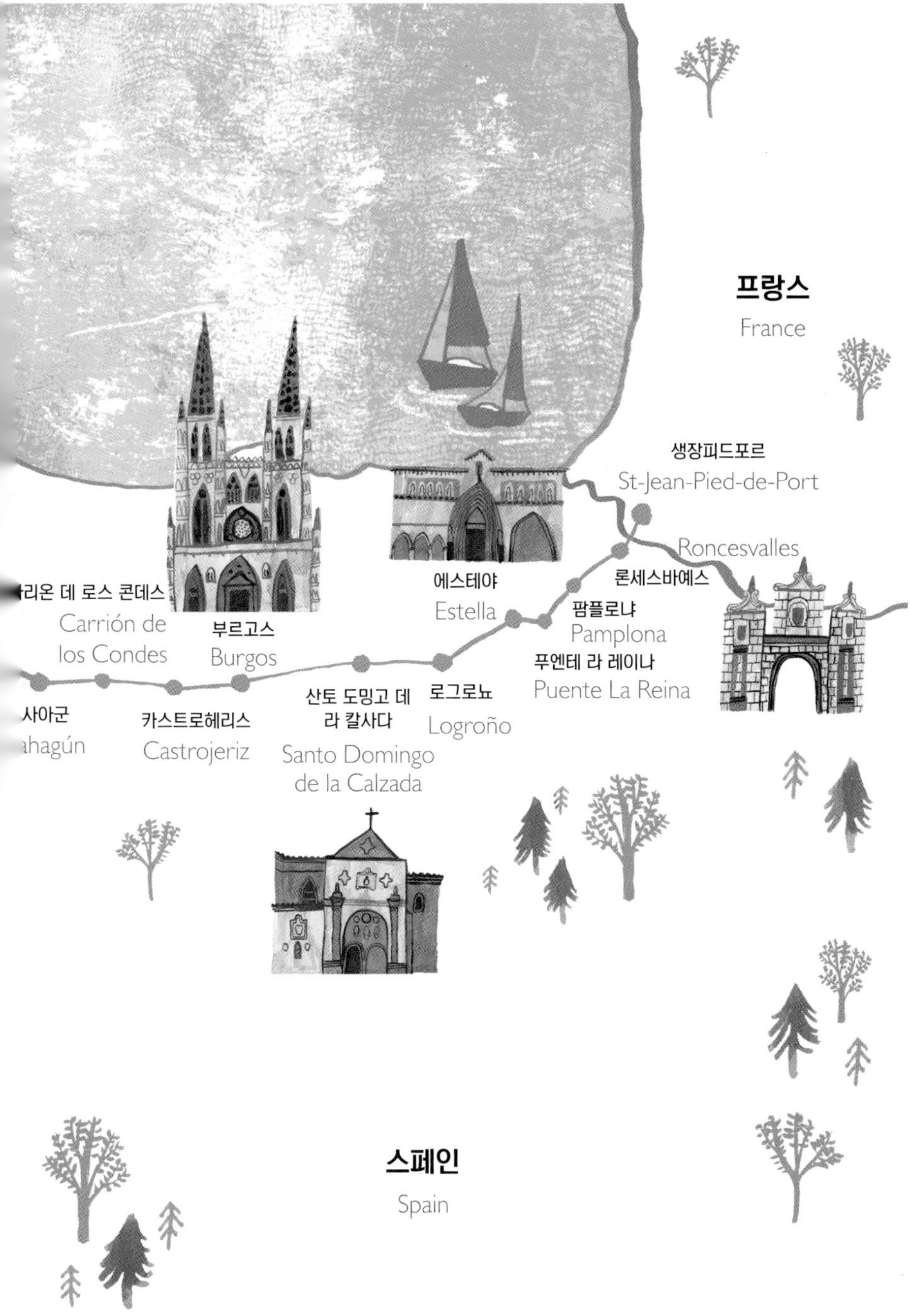
프랑스
France
생장피드포르
St-Jean-Pied-de-Port
Roncesvalles
론세스바예스
에스테야
Estella
팜플로나
Pamplona
푸엔테 라 레이나
Puente La Reina
로그로뇨
Logroño
산토 도밍고 데
라 칼사다
Santo Domingo
de la Calzada
부르고스
Burgos
카스트로헤리스
Castrojeriz
리온 데 로스 콘데스
Carrión de
los Condes
사아군
ahagún
스페인
Spain

(meseta, 고원)를 가로지르고 칸타브리카산맥Cordillera Cantábrica을 넘어 갈리시아의 울창한 계곡으로 들어갔다. 드디어, 몇 주 혹은 몇 달을 걸은 후 순례자들은 사도의 무덤에 도착했다.

유해가 안치되어 있는 대성당이 종착지이다. 이전의 성당이 997년에 파괴된 후 1075년에 현재 건물의 공사가 시작되었다. 기초적인 중세 구조가 남아 있는 상태에서 로마네스크 양식, 고딕 양식, 바로크 양식 및 신고전주의 양식이 더해졌다. 넓은 오브라도이로 광장Plaza del Obradoiro에 서서 대성당의 화려한 바로크식 첨탑, 섬세한 장식, 성 야고보 조각상을 바라보면, 아무리 회의적이었던 순례자라도 영혼의 동요를 느낄 것이다.

입장은 '영광의 문Portico de la Glorias'으로 한다. 입구에는 최후의 심판이 조각되어 있다. 그리스도가 가운데에, 성 야고보가 그 바로 아래에 있다. 중세 시대부터 순례자들은 성 야고보 아래에 있는 나무에 손가락을 대고 기도했다. 자세히 살펴보면 약간 오목하게 파인 곳이 보일 것이다.

성 야고보의 성묘는 메인 제단 밑에 있다. 순례자들이 오른쪽으로 둥그렇게 돌며 사도의 형상을 안아보거나 유물을 관람한다. 순례자 미사는 매일 정오에 열리는데, 사제가 지난 24시간 동안 순례자 사무소에 도착한 사람들의 명단을 전부 읽는 것으로 시작된다. 순례자라면 누구나 꿈꿔온 순간이다. 하지만 사실 중요한 것은 그게 아니다.

분명 아니다. 산티아고 순례길에는 도달할 목적지가 명확히 존재하지만, 상징성을 지닌 순례인 만큼 그 과정에도 의의가 있다. 그것은 날마다 계속되는 도전에 적극적으로 임하는 것이다. 매일 밤 알베르게(albergue, 순례자를 위한 숙소)에서 묵으며 동료 순례자들과 함께 나누는 식사, 웃음, 그리고 눈물에 관한 것이다.

또한 대자연이 발휘하는 놀랍고도 신성한 힘을 온전히 믿을 때 비로소 생기는 소박하면서도 가슴 벅찬 순간에 관한 것이다. 그리고 목표지점에 도달하는 것이 끝이 아니라는 깨달음에 관한 것이다.

산티아고 대성당을 나가는 남문에 그리스도를 뜻하는 키 로(Chi-Rho, 그리스어: ΧΡ) 문양이 있다. 그런데 그리스 문자가 배열된 방향이 반대이다. 끝이 맨 앞으로 왔다. 새로운 여정의 시작이다.

**장소** 스페인 코르도바(Córdoba)

**특징** 웅장한 모스크 안에 있는 가톨릭 성당. 세계적으로 유일무이한 건물

## 메스키타

LA MEZQUITA

오렌지꽃의 달콤한 향이 공기에 스며든다. 건축의 향연이 시작되기 전, 미리 차려놓은 맛있는 식전주 같다. 눈부신 햇살 아래 오렌지 향 가득한 메스키타의 안뜰을 지나면, 기둥 모양으로 다듬은 나무 사이로 오렌지나무들이 사라지고 빨강-하양 줄무늬 사탕 같은 아치가 우주 끝까지 뻗은 듯한 장면이 펼쳐진다.

건축학적으로 과감하다. 하지만 예술적으로 간결하여 주의를 분산시키는 프레스코화나 묘가 없고 뒷목 뻐근하게 올려봐야 할 높은 천장도 없다. 잇따라 서 있는 기둥들이 펼치는 현란한 기하학, 창문으로 들어온 빛이 그림자와 함께 교차하며 엮는

무늬가 전부이다. 평온함이 내려앉은 이 넓은 공간은 정신이 육체의 한정된 공간을 벗어나 생각과 기도 속에서 자유롭게 돌아다니는 영적 오아시스이다….

'메스키타'는 스페인어로 '모스크', 즉 이슬람 사원을 뜻한다. 그렇지만 안달루시아Andalucía 지방의 코르도바Córdoba시에 위치한 이 파격적인 건축물은 한 단어로 정의 내리기 어려울 정도로 매우 복합적이다. 많은 사람들이 저마다의 의미를 부여하는 곳이자 여러 종교가 절묘하게 조화를 이루는 사례이다. 한때 이슬람교도, 유대교도, 그리고 기독교도가 이곳에서 평화롭게 공존하기도 했다.

로마인들이 시작을 상징하는 출입문의 수호신, 야누스 신전을 이 자리에 세운 이래로 줄곧 종교적 성격을 띤 건물이 자리해왔다. 6세기에는 서고트족이 산 비센테San Vicente 대성당을 지었고 그 흔적이 메스키타 지하실에 아직까지 남아 있다. 8세기 초 이슬람이 이베리아를 정복한 후에는 대성당이 둘로 나뉘어 이슬람교도와 기독교도가 공유했다. 그 후 서기 784년 아랍 왕 압드 알 라흐만Abd ar-Rahman 1세가 이 부지를 매입하여 새로운 이슬람 사원을 건설했다. 당시 황금기를 구가하던 중세도시의 명성에 걸맞게 웅장하게 지었다.

왕이 심혈을 기울여 지은 사원에는 11개의 회랑이 있다. 붉

은 벽돌과 흰 돌을 교대로 배열한 줄무늬 아치를 이중으로 쌓아 몽환적인 분위기를 연출했다. 이중 아치들은 대리석, 벽옥 및 화강암으로 된 수백 개의 기둥이 받치고 있다. 또한 장식도 얼마나 화려한지 상아, 은, 금으로 꾸미고 장인이 만든 아줄레호스(Azulejos, 채색타일) 모자이크로 마무리했다. 지금 봐도 감탄을 자아내는 수준이다.

이후 증축하면서 새 미나렛minaret을 세우고 미흐라브mihrab를 단장했으며 외부 통로를 넓혔다. 10세기 말에는 아치를 떠받치는 기둥이 1,200개(현재는 약 850개가 남아 있음)에 이르는 등 메스키타가 원래 크기의 다섯 배까지 커졌다.

그런데 1236년 6월 29일, 성 페르디난도Ferdinando 3세의 기독교 세력이 코르도바를 재정복하면서 모든 것이 바뀌었다. 어느 날 아침 이슬람교도들의 기도는 마지막이 되었고, 그날 오후 이동식 제단이 들어와 첫 번째 가톨릭 미사가 열렸다. 모스크가 대성당이 된 것이다.

16세기까지 기독교화가 두드러지지 않는 분위기에서, 그전까지 메스키타를 본 적이 없는 국왕 카를로스Carlos 1세는 메스키타의 한가운데에 중앙제단과 성가대석 짓는 것을 허가했다. 하지만 국왕은 공개식에 와서 이렇게 한탄했다고 한다. "어디에나 지을 수 있었을 것을 여기에 지어 세상 유일무이했던 건축물을 망가뜨려 놓았다."

대성당은 거의 250년에 걸쳐 완공되었다. 그 결과 고요하고 소박했던 무어인 기도실에서 고딕 양식의 둥근 돔, 매너리즘 양식의 천장 및 화려한 스페인 바로크 양식이 만든 불협화음이 흘렀다. 성 바오로와 연옥의 영혼들에게 헌정하는 성당이 들어섰다. 원래 있었던 미나렛은 성당 종탑이 둘러쌌다. 하지만 신앙과 형태가 바뀌었을 뿐 독실한 신자들이 계속 기도하게끔 이끄는 역할은 그대로 남았다.

메스키타, 오늘날의 공식 명칭 '코르도바 모스크-대성당'에서는 미사가 매일 열린다. 이슬람 예배는 금지된다. 하지만 이 건물은 교회의 소유가 아니며 어떠한 정치조직, 단체 또는 개인에도 속하지 않는 모든 사람의 것이다. 그러므로 종교를 불문하고, 또는 종교가 없더라도 방문객 누구나 이 신성한 장소의 평온함, 아름다움, 역사, 그리고 지속력에 감동받을 것이다.

장소 영국 스코틀랜드 이너헤브리디스제도
(Inner Hebrides Is.)

특징 불명예를 안은 왕자가 한 나라를 기독교로 개종시킨 고대의 섬

## 아이오나섬
ISLE OF IONA

천국을 오가는 길목이다. 돌풍이 몰아치는 바다에 여린 초록 방울 하나가 떨어진 듯 작은 섬 하나가 떠 있다. 서쪽으로 시선을 돌리면 이 세상에 다른 것은 아무것도 없다고 믿게 될지 모른다. 주위를 둘러싼 모든 것에 자연 아닌 것은 없다.

은빛 모래, 넘실대는 파도, 아득한 수평선으로 사라지는 돌무리와 바위섬. 높은 곳에서 무슨 메시지를 내려보내려는지 하늘이 웅성웅성 그렁댄다. 정말 내려온다. 비가, 그것도 아주 많이. 바람에 따라 이리저리 물결치는 대홍수다. 성난 영혼인가, 평범한 스코틀랜드 날씨인가?

아이오나섬에 '물질계와 영성계는 종이 한 장 차이일 뿐'이라

아이오나 수도원
Iona Abbey
아이오나섬
Isle of Iona
아이오나 수녀원
Iona Nunnery
멀 섬
Isle of Mull

는 말이 있다. 그러니 둘 다일 수도….

아이오나는 스코틀랜드 해안의 멀Mull섬 끄트머리에서 약간 떨어진 섬이다. 서쪽 바다로 계속 가면 캐나다가 나온다. 9제곱킬로미터에 불과한 작은 섬이지만 외진 위치와 작은 크기를 무색하게 하는 힘이 있다. 영성이 땅 밑에 스며 있는 것 같다.

아이오나 기반암의 역사는 1억 5천만 년 전으로 거슬러 올라간다. 세계에서 가장 오래된 암석 중 하나로 이 섬에 원초적인 힘을 불어넣는다.

스코틀랜드 시인 윌리엄 샤프William Sharp는 아이오나 이야기를 하는 것은 "신에게 돌아가는 것이자 신의 품에서 죽는 것"이라고 했다.

이 섬은 수 세기 동안 신성시되었다. 고대 게일어로 이니스 난 드루이드네흐(Innis nan Druidhneach, 드루이드의 섬)라고 하며, 영국 드루이드교 성직자들이 로마의 침략을 피해 이곳에 정착했던 것으로 추정된다. 그러다가 서기 563년 아일랜드 왕실의 자손 콜룸바Columba가 이곳으로 쫓겨오는 일이 있었다. 콜룸바는 고향 아일랜드에 있을 때 수도원을 세웠다.

하지만 시편 사본을 허락 없이 필사한 문제로 다른 수도원장과 대립했고, 싸움은 피비린내 나는 전쟁으로 확대되었다. 일명 '책의 전투(Battle of the Books)'로 수천 명이 목숨을 잃었고 콜

룸바는 아일랜드를 떠나야 했다. 12명의 추종자와 함께 코라클Coracle배를 타고 스코틀랜드로 향하면서, 콜룸바는 전투에서 목숨을 잃은 사람의 숫자만큼 이교도를 기독교로 개종시키며 여생을 보내기로 결심했다.

마침내 콜룸바는 포트나 퀴라이치(Port na Curaich= Port of the Coracle, 코라클의 항구)라고 하는 남쪽 만, 아이오나에 도착했다. 그는 섬에서 가장 높은 지점인 101미터에 위치해 있는 둔 아이Dun I에 올랐다.

그는 아일랜드가 더 이상 보이지 않는다는 사실에 흡족해하며 이곳에 정착하기로 결정했다. 자그마하게 세운 교회가 배움의 장으로서 역할을 톡톡히 했다. 그는 이 교회를 기반으로 널리 뻗어나가 지역 이교도들 사이에 캠프(이른바 '천국의 나라')를 차리고 복음을 전파하였다.

콜룸바는 597년 사망했다. 같은 해 베네딕트회 수도사인 아우구스티누스Augustinus가 로마에서 영국으로 파견되어 이교도인 앵글로족에게 로마식 기독교를 전파했다. 그러나 콜룸바의 사망 이후에도 콜룸바의 켈트식 신앙은 계속 확산되었다.

802년 아이오나는 바이킹의 침략을 받았다. 콜룸바의 유해가 소실되고 살아남은 사제들은 아일랜드로 후퇴했다. 12세기가 되어 아이오나에 수도원이 설립되었고 수녀원도 나란히 들어섰다.

하지만 1560년 스코틀랜드가 교황청과 결별하면서 스코틀랜드 종교개혁이 일어나자 수도원은 버려지고 무너졌다.

20세기 초가 되어서야 복원이 시작되었다. 1938년 조지 백레오드George MacLeod 목사가 에큐메니컬(ecumenical, 신앙의 일치를 천명한 교회들이 선교 협력 활동을 펼침.－역주) 기독교 단체인 아이오나 공동체를 설립하였다.

아이오나 공동체는 사회 정의 실현을 목적으로 젊은 목사들과 실업 상태인 장인들을 모아 재건한 중세 공동체로 오늘날까지도 활발한 활동을 이어가고 있다.

순례자들은 여전히 아이오나로 몰려든다. 콜룸바가 지은 본래의 건물은 남아 있지 않지만 경계 벽의 흔적을 따라 걸을 수 있다.

복원된 중세 교회에는 들어갈 수 있으니 9세기부터 있었던 이 수도원에서 가장 오래된 성 콜룸바의 성소에 들러보자. 또한 중세 산책로인 죽은 자의 거리Street of the Dead를 걸어서 맥베스Macbeth를 비롯한 고대 스코틀랜드 왕들이 안치된 성 오란 성당St Oran's Chapel과 묘지까지 가보자.

그 밖에 둔 아이의 꼭대기에 올라가 아이오나의 언덕과 목초지, 해안 절벽과 석조 유적지를 내려다보며 산들바람을 마셔보는 것도 좋다. 그리고 발밑으로 올라오는 이 땅의 영성을 느껴 보자.

장소 영국 잉글랜드 윌트셔(Wiltshire)주

특징 신석기 시대의 신비로운 풍경, 스톤 서클, 인공 언덕, 고대 거리 및 거대 무덤

## 에이브버리

AVEBURY

이 언덕이 맡았던 본래 역할은 아득한 시간 속으로 사라졌다. 목초지 한가운데 혹처럼 불룩 튀어나온 모습이 외계인 송신소처럼 낯설기 짝이 없다. 그래서인지 전체적인 분위기가 이 세상 같지 않다.

유럽에서 가장 큰 인공 언덕인 실버리 힐Silbury Hill처럼 에이브버리Avebury에는 영국 그림책 속 목가적인 분위기가 나고 기이한 것들도 많다.

예를 들어 동심원 모양의 신비로운 성소, 들판을 가르는 신석기 시대의 거리, 커다란 스톤 서클(stone circle, 환상열석)로 구획이 나뉜 마을이 그렇다.

그리고 수많은 비밀이 바위와 땅에 숨겨져 있다. 6,000년 전의 무덤이 있는 곳으로 올라가보자.

두 명의 히피족이 입구 옆에 앉아 밀 줄기를 빙빙 돌리며 대자연을 향해 노래한다. 몸을 숙이고 들어가 고대 석판 위로 손을 뻗고, 잠시나마 대자연이 화답하는 노래를 듣겠노라고 읊조려보라….

에이브버리 주변 풍경은 지극히 영국적이고 고풍스럽다. 시골 마을마다 있을 법한 초가지붕 펍, 대저택, 색슨 교회가 있다. 그리고 그 가운데를 가르는, 세계에서 가장 큰 스톤 서클이 있다.

풀 덮인 에이브버리 헨지Avebury Henge의 둑과 도랑은 백악질 흙을 파서 만들었고 둘레가 약 1.3킬로미터이다. 안에는 커다란 스톤 서클이 있고 그 안에 다시 두 개의 작은 스톤 서클이 있다. 이 모습이 갖춰진 시기는 기원전 2850년에서 2200년 사이로 추정된다.

몇 킬로미터 떨어진 채석장에서 끌어온 사르센sarsen 선돌들은 높이 6미터에 무게 40톤이 넘는다. 바깥 스톤 서클에만 98개가 있었다(현재는 27개만 남아 있음). 거석들을 옮기고 세우는 일, 광대한 도랑을 파내는 일에는 초인적인 힘이 드는 건 물론 강력한 동기가 필요했을 것이다. 무엇 때문에 이 모든 수고로움

# 에이브버리 스톤 서클

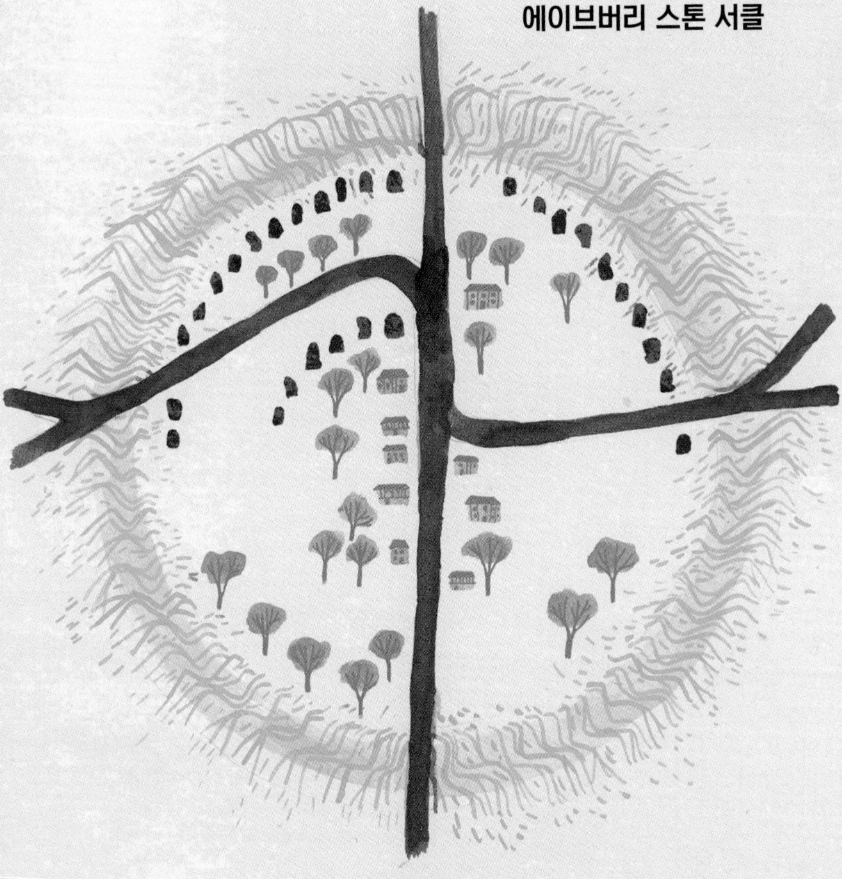

을 감수했을까?

아는 이는 없지만 학설은 풍부하다. 다소 기발한 발상으로 드루이드(Druid, 고대 켈트족 드루이드교 사제) 또는 아메리카 원주민이 지었다거나 전설적인 아서왕의 마지막 전투를 기념하기 위해 지었다는 설이 있다. 조금 더 가능성이 높은 것으로 영국 신석기 시대에 주요 의식을 치르던 장소라는 설이 있다.

어떤 방식으로 숭배의식을 치렀는지는 알 수 없다. 하지만 주변 환경의 형태로 짐작건대, 사람들이 계절, 영혼 및 세계 질서와의 관계를 표현하는 공공 의례와 의식을 거행하던 극장이었을 것이다.

영국 중에서도 윌트셔Wiltshire 지방에는 강렬하게 끌어당기는 무언가가 분명히 있다. 유럽에서 선사 시대 유적이 가장 많이 밀집된 곳으로 수천 년 동안 사람들이 모여들었다. 일부 사람들은 조상들이 행성의 자기력에 민감하게 반응했고 지리학적 마력에 이끌려 이곳을 선택했다고 추정한다. 에이브버리가 지구 에너지의 연결점이라는 주장도 있다. 따라서 남쪽으로 조금만 내려가면 나오는 스톤헨지Stonehenge의 스톤 서클 같은 다른 고대 유적지와 보이지 않는 레이 라인(ley line, 에너지 경로)을 이룬다고 한다.

에이브버리에 와서 스톤 서클 내에서 시간을 보내면 아무런

방해도 받지 않고 거석을 탐사하기 좋다. 가장 큰 스윈던 스톤Swindon Stone에 손을 대보자. 유일하게 한 번도 쓰러진 적이 없는 돌로서 북쪽 입구를 표시하고 있다. 그런 다음 웨스트 케넷 애비뉴West Kennet Avenue를 따라 걸어보자. 어떤 의식을 치렀던 길로 사르센 선돌 수백 개가 줄지어 늘어서 있었다.

풀밭에는 4,000년 전 이 행렬을 따라온 사람들의 발걸음 소리가 피어난다. 길은 여러 시대에 걸쳐 그 크기가 조금씩 커진 39미터의 인공 언덕인 실버리 힐까지 이어진다. 내부 발굴 작업에서 고고학적 의의를 지닌 유물은 나온 것이 거의 없었다. 과연 성소였을까, 전망대였을까, 아니면 그저 커다란 퇴비 더미였을까?

실버리 힐 바로 너머에는 웨스트 케넷 롱 배로West Kennet Long Barrow가 있다. 기원전 3650년경에 지어진 신석기 시대 돌무덤이다. 길이가 거의 100미터에 달하며 45구 이상의 유해가 매장되어 있다. 스산한 통로를 따라 들어가 텅 빈 방을 가늘게 뜬 눈으로 슬쩍 봤을 뿐인데 고대 지하세계로 오싹한 체험을 하고 온 듯하다.

돌무덤에서부터 성소Sanctuary까지 걸어갈 수 있다. 4,500년 된 목조물의 말뚝을 세우기 위한 구멍인 포스트홀이 풀밭에 박혀 있다. 성전을 세웠던 것으로 추측된다. 그리고 여기에서부터

‘영국에서 가장 오래된 길’이라고 하는 리지웨이Ridgeway가 시작되어 이 불가사의한 땅을 가로지른다.

**장소** 프랑스 노르망디(Normandie)
**특징** 갯벌의 작은 섬에 떠 있는 마법의 중세 수도원

## 몽생미셸
MONT-ST-MICHEL

우아, 이 거인 같은 존재가 시야에 들어오는 순간, 지친 순례자들의 기분은 어땠을까? 긴 시간 터벅터벅 산 넘고 물 건너 모래갯벌까지 지나온 마음이 얼마나 벅차올랐을까. 제아무리 월트 디즈니라 해도 시각적으로 이보다 더 동화 같은 축제를 만들 수 없었을 것이다.

피라미드 모양으로 노출된 암석 위에 거대한 수도원과 하늘을 꿰뚫는 첨탑이 우뚝 솟아 있고 밑자락에는 목재와 돌을 반씩 섞어 지은 집들이 옹기종기 모여 있다. 섬 주변을 에워싼 모래 점토질의 갯벌은 하루 두 번 조수간만의 차가 크게 일어 문명과의 접촉을 차단한다. 물질적인 것과 형이상학적인 것의 구분,

인간 세계와 영적 세계의 경계다….

몽생미셸은 노르망디 해안에서 조금 떨어진 쿠에농Couesnon 강어귀에 위치한다. 몽통브(Mont-Tombe, 무덤 산)라고 불리던 거대한 암석은 처음에는 켈트족에게 신성시되었다. 그들은 이 암석이 지구와 사후세계 사이에 있는 문이라고 믿었다.

6세기경 교회의 은둔 수도자들이 들어오긴 했지만 서기 708년이 되어서야 운명적인 변화를 맞이한다. 근처 아브랑슈 Avranches 지역에 사는 오베르Aubert 주교의 꿈에 대천사 미카엘이 나타나 몽통브에 성당을 지으라는 명을 내렸다. 오베르가 대수롭지 않게 여기자 대천사는 단념하지 않고 두 번이나 더 나타났다. 그리고 단호하게 명을 전달하기 위해 오베르의 머리에 손가락으로 빛을 비춰 구멍을 냈다.

결국 오베르는 몽통브가 어디인지 찾아 나섰다. 성당을 지어야 할 정확한 장소는 도난당한 황소가 가리킬 것이라고 들었다. 황소는 해발 88미터 높이의 산꼭대기에서 발견되었다.

몽생미셸의 시작은 순탄치 않았다. 초기 수도원은 바이킹의 습격을 받아 여러 차례 파괴되었다. 그러나 10세기 중반 노르만족이 이 지역을 장악하고 966년 베네딕트수도회 수도사들이 정착하면서 공식 수도원이 설립되었다. 수도원은 로마네스크 양식을 따라 점차 웅장한 형태를 갖춰갔지만 어려움도 있었다.

주변이 단단하고 뾰족한 화강암이었기 때문에 수도원이 안착할 플랫폼을 떠받치는 지하 기도실을 팠고 각 기도실은 언덕의 윤곽에 딱 맞게 들어가야 했다. 교회, 성가대, 회랑, 탑이 있는 북쪽은 완공된 지 수십 년 만에 전부 무너져서 재건해야 했다.

수도원 아래에는 서서히 마을이 형성되었다. 곧이어 순례자들이 수천 명씩 찾아왔다. 섬은 지상낙원을 상징했고, 신자들은 영혼의 무게를 재는 심판의 대천사 성 미카엘에게 구원의 확답을 받고자 찾아왔다.

몽생미셸은 건립 이후 여러 차례 개축이 이루어졌다. 15세기에 로마네스크 양식의 성당이 고딕 양식으로 정비되었다. 백년전쟁이 일어났을 때는 영국의 공격을 방어하기 위해 성벽을 추가로 세웠다. 프랑스혁명 동안에는 세속화되어 수용소로 쓰였다. 공식 설립 이후 천 년이 지난 1966년, 산 위에서의 수도원 생활이 재개되었다. 작은 종교 공동체가 오늘날에도 수도원에서 계속 지내고 있다.

육지로부터 몽생미셸까지는 도보나 버스로 2.5킬로미터를 가야 한다. 첫 관문은 라방세 문Porte de l'Avancée으로 두 개의 정문 중 오른쪽에 있는 것이다. 이를 통과하면 마을의 중심 거리 그랑뤼Grand Rue가 나온다. 길 양쪽에는 기념품 가게와 반 목조 주택이 늘어서 있다.

가파른 계단으로 수도원 입구까지 올라간다. 안쪽에는 둥근 천장이 웅장한 고딕 양식의 예배당과 수도사들이 거주하는 수도원이 있다. 수도원에는 메르베유(merveille, 경이로움)라고 불리는 미로 같은 회랑, 지하 기도실, 복도가 있으며 꼭대기에서는 만을 조망할 수 있다.

세계에서 간조와 만조의 차가 가장 큰 바다로, 그 차가 최대 15미터에 이른다. 작가 빅토르 위고는 "질주하는 말처럼 빠르다"라고 표현했다. 밀려오는 물, 바다 안개, 푹푹 빠지는 모래 갯벌은 몽생미셸을 찾은 중세 순례자들에게 위험할 수 있었다. 그런데도 순례자들은 기꺼이 위험을 무릅쓰고 낙원으로의 여정을 떠났던 것이다.

장소 프랑스 옥시타니(Occitanie) 오트피레네(Hautes-Pyrènèes)

특징 샘 위에 지은 가톨릭 성당. 성모 마리아의 발현으로 세상에 처음 드러남

## 루르드
LOURDES

평화, 기도, 믿음, 희망, 작은 샘물의 재잘거림…. 이 모두가 붐비는 동굴 주변을 에워싸며 메아리친다. 많은 인파가 몰려들었지만 서로 밀치는 일은 일어나지 않는다. 대낮의 밝은 빛에서 어두운 틈 속으로 한 걸음씩 움직이는 줄에 압도적인 고요함만 맴돌 뿐이다.

모인 사람들의 모습은 각양각색이다. 눈을 살짝 감은 채 손가락 사이로 묵주를 돌리는 사람, 이미 수천, 아니 수백만의 순례자들이 그랬던 것처럼 손으로 차가운 암벽을 매만지는 사람도 있다. 양초나 셀카봉을 들고 다니는 사람도 있고, 중얼거리거나 눈물을 흘리는 사람도 있다. 신성한 동굴의 벽감에 자리한

QUE SOY
ERA
MMACULADA COUNCEPCIOU

성모 마리아 대리석상이 아래를 응시하고 있다. 100여 년 전 성모 마리아가 한 어린 소녀에게 발현했다고 전해지는 곳이다. 이제는 모든 사람이 볼 수 있는 그 자리에 서 있다. 누구나 천상의 빛을 누릴 수 있도록….

1858년 2월 11일 베르나데트 수비루Bernadette Soubirous는 성모 마리아의 환영을 목격했다. 루르드라는 작은 시장 마을에서 가난한 소작농의 딸로 태어난 14세의 소녀는 가브 드 포Gave de Pau강 유역에서 땔감을 줍고 있었다. 그때 근처에서 무언가가 흔들렸다. 산들바람이 불어 작은 동굴 위의 나뭇잎들이 살랑거리더니 흰 로브를 입은 아름다운 여인이 나타났다. 베르나데트는 두려우면서도 황홀했고 이내 기도를 시작했다. 그리고 15분 후 여인의 환영은 사라졌다.

그 후 6개월 동안 베르나데트는 18차례 환시幻視를 체험했다. 어느 날 그 신비로운 여인은 샘이 보이지 않는데도 샘물을 마시라 했다. 베르나데트는 손으로 땅을 파내어 마침내 물이 솟는 곳을 찾았다. 그 신성한 물은 오늘날까지 흐르고 있다.

어린 소녀의 말을 믿어주는 사람은 거의 없었다. 그런데 베르나데트의 16번째 환시 중에 여인이 "나는 원죄 없이 잉태된 자"라고 자신의 정체를 드러냈다. 베르나데트가 지역 주교에게 이 내용을 전하자 그는 놀라움을 감추지 못했다. 4년 전에 교

황청이 성모 마리아를 '원죄 없는 잉태'라고 선포했는데, 교육을 제대로 받은 적 없는 베르나데트가 이를 알았을 리 없기 때문이었다. 이것은 신의 개입이 있었다는 증거로 받아들여졌다. 1862년 가톨릭교회는 소녀의 환시가 사실임을 공식 인정하였다. 성모 마리아가 루르드에 발현하였다.

베르나데트는 유명세를 꺼려 돌아다니지 않았다. 1866년 그녀는 루르드를 떠나 파리 근처 느베르Nevers에서 수녀가 되었다. 1879년 35세의 나이로 세상을 떠났고 1933년 성인의 반열에 올랐다. '부패하지 않는다'고 알려진 그녀의 시신은 여전히 생생한 모습으로 느베르에 있는 성 길다르St Gildard수녀원 성당에 안치되어 있다.

그래도 유산은 루르드에 남겨진 게 틀림없다. 1860년대 이래로 2억 명이 넘는 사람들이 피레네산맥 산기슭에 있는 루르드를 방문했으며 순례 시기(부활절~10월)에는 날마다 약 2만 5천 명이 방문하는 것으로 추산된다.

루르드 성지에는 작은 크립트(Crypt, 본 성당)부터 무염시태 성당(Basilique de Notre Dame de l'Immaculée Conception)에 이르는 다양한 성당이 있고 성당 창문에는 베르나데트가 18차례 체험한 환시를 정교하게 묘사한 스테인드글라스가 있다. 그렇지만 사람들이 가장 많이 방문하는 곳은 베르나데트가 성모 발현을 목격한 곳이자 아직도 샘물이 졸졸 흐르는 마사비엘 동굴(Grotte de Massabielle, 발현의 동굴)이다.

치유의 힘이 있다는 루르드 샘물의 효험을 보기 위해 순례자들은 샘물을 마시거나 뿌린다. 아니면 몸을 담글 수 있는 17개의 샘 중 한 곳에 가서 완전히 몸을 담근다. 순례자들은 옷을 벗고 하얀 천만 간단히 두른 채 빙하처럼 차가운 물에 들어간다. 봉사자들이 옆에서 도와주고 함께 기도를 드린다.

"루르드의 성모님, 저희를 위해 기도해주세요. 성 베르나데트님, 저희를 위해 빌어주세요."

수천 명의 사람이 이 신비한 물로 치유를 경험했다고 말한다. 하지만 현재까지 루르드 의료국에서 공식적으로 인정한 기적 치유 사례는 69건뿐이다. 사실 루르드에 가는 사람들이 전부 다 초자연적인 치유를 바라고 가는 것은 아니다. 기도하고 인도되고 공감받기 위해, 즉 다른 사람들과 믿음으로 연대하기 위해 간다. 육체의 병을 고치러 가기보다는 마음을 치유하기 위해 가는 것이다.

**장소** 독일 작센안할트(Sachsen-Anhalt)

**특징** 종이 한 장으로 종교개혁을 촉발한 역사적인 교회

## 비텐베르크 성채 교회

WITTENBERG SCHLOSSKIRCHE

육중한 청동 문이 굳게 닫혀 있다. 거칠고 절대 뚫릴 것 같지 않다. 오늘날 이 문에 못을 박으려면 꽤나 힘들 것이다. 다행히 그럴 필요가 없는 것이, 과거 마르틴 루터Martin Luther가 이 역사적인 문(당시에는 나무였음)에 못 박았던 문서의 내용이 청동에 바로 새겨져 있다. 날씨에 구애받지 않고 마모에 강하니 영구적으로 지워지지 않을 것이다.

교회 내부는 소박하면서도 장엄한 분위기이다. 영롱한 스테인드글라스를 통해 빛이 쏟아지고 오르간 음향이 벽을 타고 울려 퍼진다. 성가대석으로 난 통로를 따라 걷다가 석묘 옆에 잠시 멈춰 선다. 묘를 덮은 동판에는 '신학박사 마르틴 루터, 이곳

독일
Germany
비텐베르크
Wittenberg
아이스레벤
Eisleben
아이제나흐
Eisenach
라이프치히
Leipzig
에르푸르트
Erfurt
마인츠
Mainz
보름스
Worms

에 잠들다'라고 적혀 있다. 이렇게 읽어도 될 듯하다. 사제이자 작곡가, 번역가이며 서양 종교의 혁명가인 마르틴 루터….

마르틴 루더(Martin Luder: 개명 전의 이름)는 1483년 작센주의 아이스레벤Eisleben이라는 마을에서 태어났다. 아들이 법률가가 되기를 원했던 엄격한 부모 밑에서 힘겨운 성장기를 보냈다. 에르푸르트Erfurt 대학교에서 법 공부를 시작한 루더는 1505년 7월 학교로 돌아가는 길에 뇌우를 만났다.

벼락이 바로 옆에 내리치는 상황에서 그는 만약 자신이 살아남는다면 수도자가 되겠다고 하늘에 맹세했다. 다행히 무사했다. 그는 자신이 했던 맹세를 지키고자 아버지의 엄청난 반대를 무릅쓰고 에르푸르트에 있는 아우구스티누스 수도회에 입회했다. 그리고 약 18개월 후 사제 서품을 받았다.

1508년 루더는 비텐베르크에 있는 수도원 학교에 입학했고 이듬해 졸업 후에는 신학을 가르치기 시작했다. 이 무렵부터 그는 개혁주의 사상을 구체화해 나갔다. 가톨릭교회의 '면죄부', 즉 돈으로 연옥의 형벌에서 벗어날 수 있다고 선동한 후 판매 수익을 교황청으로 보내 대성당과 바티칸 재건 자금으로 사용하는 제도에 점점 환멸을 느꼈다.

1517년 루더는 자신의 이름을 루터(Luther, '자유인'을 뜻하는 그리스어 에레우테로스eleutheros에서 차용)로 바꾸고, '95개 논제'를

써서 비텐베르크 성채 교회 정문에 게시하였다. 면죄부의 정당성에 의문을 제기하는 당찬 글이었다.

예를 들어 논제 86번에서는 다음과 같이 의문을 제기했다.

"오늘날 가장 부유한 크라수스Crassus[로마 역사상 가장 부유한 사람]의 재산보다 더 큰 부를 가진 교황은 왜 자신의 재산이 아닌 가난한 신자들의 돈으로 성 베드로 대성당을 지으려 하는가?"

가히 파격적인 서한이었다. 교회는 거세게 반발했다. 루터는 보름스Worms에서 소집된 신성로마제국 회의에 소환되었고, 비텐베르크에서 출발하는 긴 여정(오늘날 루터의 길Lutherweg 1521이라고 하는 성지순례길)에 올랐다. 보름스에서도 그는 자신의 주장을 굽히지 않았고 끝내 로마교회에서 파문당했다. 하지만 계속해서 뜻을 전파했고 결국 기독교 세계를 뒤흔드는 종교개혁의 불씨를 일으켰다.

중세도시의 서쪽 끝에 위치한 비텐베르크 성채 교회는 엘베Elbe 강변의 초원 위에 높이 솟아 있다. 루터가 정문에 서한을 붙이기 불과 8년 전에 완공되었다. 호화로운 성의 일부였기 때문에 성을 둘러싼 연못도 있었고 성문으로 이어지는 다리도 놓였다. 그러나 1760년 화재로 심하게 훼손되었고 이후 수년에 걸친 재건 작업으로 복구되었다.

1858년에는 북문에 있던 기존 석조물에 논제가 새겨진 청동문이 새로 설치되있다. 19세기 후반 교회와 탑이 모두 신고딕 양식으로 개조되었다.

교회를 보고 난 뒤 루터의 묘지에 들러 추모할 수 있다. 종교개혁의 또 다른 주요 인물이며 루터의 친구이자 동역자인 필립 멜란히톤Philipp Melanchthon의 마지막 안식처도 가까이 있다.

교회는 예배, 음악회, 투어 및 방문을 할 수 있도록 매일 개방된다. 그뿐만 아니라 루터의 찬송가 제목이 새겨진 둥근 첨탑까지 289개의 계단을 올라볼 수도 있다. 루터는 음악에 조예가 깊어 음악이 복음주의 예배에 필수적이라고 믿었다. "음악이라는 고귀한 예술은, 하느님의 말씀 다음으로 세상에서 가장 위대한 보물이다"라는 글도 남겼다.

교회 안에 앉아 돔 천장 위로 높이 울려 퍼지는 성가대 찬양과 19세기 오르간 음률을 음미해보자. 루터의 유산을 향유하는 최고의 방법이 될 것이다.

**장소** 그리스 마케도니아(Macedonia)
**특징** 우뚝 솟은 정상과 고대 그리스 신들의 천상 거처

## 올림포스산
MOUNT OLYMPUS

신들의 거처? 정말 그래 보인다. 원시 바위가 바다에서부터 곧장 솟아오른 이 고지대에서 고대 그리스 판테온의 드라마가 펼쳐질 것 같다. 근친상간, 불륜, 살인, 배신 등 인간-신 주연의 연속극에 이보다 더 좋은 무대가 어디 있을까?

하지만 정상으로 향하는 등반이 막바지로 치달을 때쯤이면 올림포스산에 신은 더 이상 살지 않는 것 같아 보인다. 과일나무들, 우거진 숲, 만발한 야생화, 나비 떼를 통과하는 가벼운 등반을 뒤로하고 이제 들쭉날쭉한 산등성이의 마지막 구간을 지난다. 앞쪽에 정상을 표시하는 깃발이 보인다. 제우스Zeus가 천둥을 치지 않았으니 날씨도 호의적이다.

드디어 눈이 시리도록 새파란 하늘 아래에 있는 신성한 산에 올랐다. 이 세상 꼭대기에 선 기분이다, 다음 세상과 한층 더 가까워진….

올림포스산은 그리스에서 가장 높은 지점으로, 테르마이크만Thermaic Gulf의 수면에서 2,917미터 높이로 솟아 있다. 또한 고대 그리스 신화의 중심지로서 가장 전설적인 산이기도 하다.

이야기의 시작은 가이아Gaia(땅)와 우라노스Uranus(하늘) 사이에서 티탄Titan 족의 지도자 크로노스Cronus가 태어났던 수천 년 전으로 거슬러 올라간다.

크로노스는 아내(이면서 누이) 레아Rhea와의 사이에서 많은 아이들을 낳았다. 하지만 자신이 아들에게 전복될 운명이라는 말을 듣고 대비하는 차원에서 아이들이 태어나는 족족 삼켜버렸다. 그런 크로노스가 몹시 못마땅했던 레아는 또 한 번 출산이 임박했을 때 크레타Crete섬으로 도망쳐 갓 태어난 아기 제우스를 동굴에 숨겼다. 그리고 크로노스에게 강보에 싼 돌덩이를 주어 대신 삼키게 했다.

제우스는 앙심을 품으며 성장했다. 성인이 되어 크로노스의 배 속에 있는 형제들을 구해냈고 우주를 지배하는 특권을 차지하기 위한 장대한 전투인 '티탄과의 전쟁Clash of the Titans'을 시작했다. 크로노스는 옛 권력자를 이끌고 오트리스Othrys산을 거쳐

로 정했다. 제우스와 구출된 형제들은 올림포스산을 근거지로 삼았는데, 이 때문에 이들은 나중에 올림피안이라 일컬어졌다.

산에는 올림포스 12신, 도데카테온Dodekatheon이 각각 자신의 궁전을 가지고 있었다. 가장 높은 봉우리인 미티카스Mytikas는 만남의 장소였고, 혹처럼 튀어나온 스테파니Stefani의 바위는 제우스의 왕좌였다.

올림포스는 신화 속에서 권력과 권위의 은유적 표현으로 처음 등장했다. 호메로스의 서사시 《일리아스》와 《오디세이아》에도 실제 위치에 대한 단서가 나오지 않는다. 그러다가 나중에 한 특정한 봉우리에 그 이름('빛나는 것'이라는 뜻)이 붙었다. 날이 맑으면 그리스 제2의 도시인 테살로니키Thessaloniki에서 보이는 이 거대한 산이 신의 거처로 유력한 후보지가 되었다.

올림포스처럼 큰 산들은 신과 유사한 면이 많다. 두려움과 경이로움을 불러일으키고, 힘들이지 않고 영성을 통해 사람들을 끌어들인다. 수 세기 동안 울퉁불퉁한 산허리는 박해, 사회, 갈등 및 법망을 피해 도망치는 사람들에게 안전한 도피처가 되었다. 산속 동굴과 숲은 은둔자들의 은신처였다. 사람들은 신성한 수풀과 제일 높은 꼭대기에 희생양과 제물을 바쳤다.

요즘 올림포스에 오는 사람들은 주로 천상의 자연을 탐험하러 오는 등산객들이다. 올림포스 산자락에 위치한 신성한 도시인 디온Dion 주변을 산책하는 것도 좋다. 최소 기원전 5세기 것으로 추정되는 큰 제우스 신전을 볼 수 있다.

또는 리토호로Litohoro 마을에서부터 2~3일 안에 정상을 완주하는 적당한 강도의 산행코스에 도전해보자. 먼저 녹음이 우거진 산의 저지대를 지나 맨 바위와 깎아지른 협곡이 있는 높은 지대로 들어간다.

정상에는 하룻밤 머물며 바다 위로 떠오르는 태양을 내려다 볼 수 있는 대피소가 있다. 아폴로나 아프로디테와 실제로 마주치지 않을지라도 적어도 영적 교감을 나눌 수 있을 것이다.

장소 이집트 시나이(Sinai)반도
특징 성경 속 산기슭에 있는 오래된 기독교 수도원

## 성녀 카타리나 수도원
ST. CATHERINE'S MONASTERY

이 땅은 확실히 성경의 인상이 강하다. 험난한 등반이지만 잘 올라왔다는 생각이 들 것이고, 이제 새벽녘 산 정상에 서서 세상을 환하게 비추며 떠오르는 태양을 맞이하면 된다. 주변에는 들쭉날쭉 솟아오른 원시암, 회색 화강암, 그리고 무수한 날 동안 달구어진 적갈색 바위가 울룩불룩 펼쳐져 있다.

수 세기 전부터 말굽과 발자국으로 다져진 길이 광야의 힘줄처럼 뻗어 있다. 열기와 먼지 가득한 황량한 사막에 유일하게 보이는 생명체의 흔적이다. 이곳 풍경에는 투박한 원시성이 있고 태곳적 숨결이 살아 있는 영원함이 있다. 혹시 다른 행성에

온 것은 아닐까. 아득한 옛날은 아닐까. 아니면 전능한 신이 등장하기 좋은 무대….

이집트에 있는 시나이산Mount Sinai은 유대교, 기독교 및 이슬람 세계에서 가장 추앙하는 곳 중 하나이다. 하느님이 불타는 떨기나무에 모습을 나타내 모세에게 십계명을 전한 곳이 바로 이곳 2,285미터 높이의 산기슭이다. 성경 출애굽기 19장에 무서운 폭풍우가 몰아쳤다고 나온다.

이를 뒷받침할 고고학적 증거는 없다. 일부 신학자들은 성경의 시나이산이 사실 사우디아라비아에 있는 알라우즈산Mount Al-Lawz이라고 본다. 이스라엘 남부에 있는 언덕이라고 보는 신학자들도 있다. 하지만 가장 유력한 후보지는 제벨 무사(Jebel Musa, 모세의 산)라고도 부르는 이집트의 산이다.

서기 3세기 초부터였다. 고독하고 고요한 장소에서 신과 더 가까워지기를 갈망했을 수도사들이 오기 시작했다. 311년 콘스탄티누스 황제는 기독교 박해를 멈추었고, 330년에 떨기나무가 있던 사막 높은 곳의 좁은 골짜기에 작은 예배당이 세워졌다.

하지만 이곳이 번성한 것은 6세기 중반이었다. 유스티니아누스 황제는 두터운 방어벽을 쌓고 그 안에 대성전을 지으라고 명령했다. 그 이후로 성녀 카타리나 수도원(공식 명칭은 '하느님이 밟은 시나이산의 성스러운 수도원(Sacred Monastery of the God-Trodden Mount Sinai)'의 운명은 요동쳤다. 이 신성한 장소는 이슬람의 침입, 성녀 카타리나의 유골 발견(서기 800년경 이곳에 묻혔음), 순례지로서의 부침, 십자군 전쟁과 아랍-이스라엘 분쟁을 겪었다. 그런데도 수도원은 여전히 살아 숨 쉬고 있다.

현재는 소수의 시나이 수도사들이 수도원에 살고 있다. 그들은 동트기 전 33번 울리는 교회 종소리에 깨어나고, 복원된 11세기 식당에서 식사를 한다. 기도에 많은 시간을 할애하고 고대 대성전에서 축일을 기념한다.

방문객들은 매일 아침 3미터 두께의 성벽에 있는 작은 문을 통해 입장한다. 경내 단지의 한쪽 끝에는 상록 관목이 있는데, 그 옛날 불타던 떨기나무를 이식한 것이 자란 것이라고 한다. 신성한 덤불이 원래 있었던 자리는 대성전 안의 가려진 예배당에 은색 별 모양으로 표시되어 있다.

수도원 내의 다른 구역, 예를 들어 11세기 모스크와 방대한 도서관(바티칸을 능가하는 소장품 보유)은 외부인의 출입이 금지되어 있다. 하지만 수도사들의 뼈가 수북이 쌓여 있는 납골당 내부는 볼 수 있다. 또한 출애굽기에 기록된, 모세가 이드로의 일곱 딸을 만났던 모세의 우물도 볼 수 있다. 우물은 지금도 수도사들이 사용한다.

많은 방문객이 그저 떠나기 위해 이곳을 찾는다. 성녀 카타리나 수도원이 시나이산을 오르는 순례의 출발지이기 때문이다. 수도원에서 정상까지 3시간 정도 걸리므로 별빛이 초롱초롱 빛나는 어두운 시간에 출발해야 해돋이를 볼 수 있다.

등산로는 선지자 엘리야Elijah가 신의 음성을 들었다는 곳인 로뎀 나무를 거쳐 간다. 그리고 정상까지 750계단을 찬찬히 올라가면 시간을 초월한 듯 끝없이 펼쳐지는 파노라마를 볼 수 있다. 전능한 신의 부름을 받을 수도 받지 않을 수도 있지만, 천국이 손에 닿을 만큼 가까이 느껴지는 것은 분명하다.

**장소** 이스라엘 예루살렘(Jerusalem)
**특징** 세계 3대 종교의 지주인 고대 도시

## 성전산과 구 예루살렘

TEMPLE MOUNT AND OLD JERUSALEM

세상 사람들이 다 나와서 이 신성한 거리를 돌아다니는 걸까? 옅은 석회암 벽으로 둘러싸인 예루살렘 구시가지의 거리를 헤치며 걷다 보면 야물커Yarmulke, 튜닉, 태슬 달린 숄, 수도사 가운, 히잡, 청바지, 야구 모자 등 다양한 의상의 바다에 휩싸이게 된다.

공기 중에는 각종 향신료, 종교의식용 향, 빵 굽는 냄새와 오래 묵은 먼지가 가득하다. 기도 시간을 알리는 미나렛에서의 외침이 교회 종소리, 유대인의 성인식인 바르 미츠바bar mitzvah 축하 소리 및 여러 나라 말소리와 뒤섞인다. 다양한 국적의 사람들이 각자의 방식으로 이야기하고 노래하고 기도한다.

예루살렘은 각기 다른 종교에 매우 큰 의미가 있는 도시인데 종교를 떠나서도 그렇다. 정치적 화약고이면서 동시에 기도의 집약체이다. 순례자들은 각기 다른 교리를 따라 오지만, 이곳에는 똑같이 이끌리는 것이 있다….

예루살렘은 오랜 역사를 지니고 있다. 약 5,000년 전 유대 산악고원에 첫 정착촌이 생긴 이래 세계에서 가장 오래된 도시로 알려져 있다. 이후 수천 년 동안 여러 번 침략당하고, 포위되고, 포로가 잡혀갔다 귀환하는가 하면 심지어 두 번이나 파괴되었다. 그런데도 예루살렘은 살아남았다. 나아가 3대 일신교인 유대교, 기독교, 이슬람교의 주요 순례지가 되었다.

유대인들에게 예루살렘은, 특히 하르 하베이트(Har HaBayit, 성전산)는 창조의 중심지였다. 탈무드에 따르면 구시가지에 융기된 이 지역은 하느님이 아담을 만들기 위한 흙을 퍼낸 곳이라고 한다. 또한 아브라함이 아들 이삭을 번제로 바치려 했던 것을 포함하여 여러 의식이 행해진 곳이라고 한다. 다윗왕이 이곳에 제단을 세웠고 아들 솔로몬왕이 기원전 10세기에 제1성전을 지었다.

하지만 기원전 586년 바빌론의 왕 느브갓네살에 의해 파괴되었고, 곧이어 세워진 제2성전도 서기 70년에 로마군에 의해 파괴되었다. 현재 남은 것은 통곡의 벽(Wailing Wall=Western

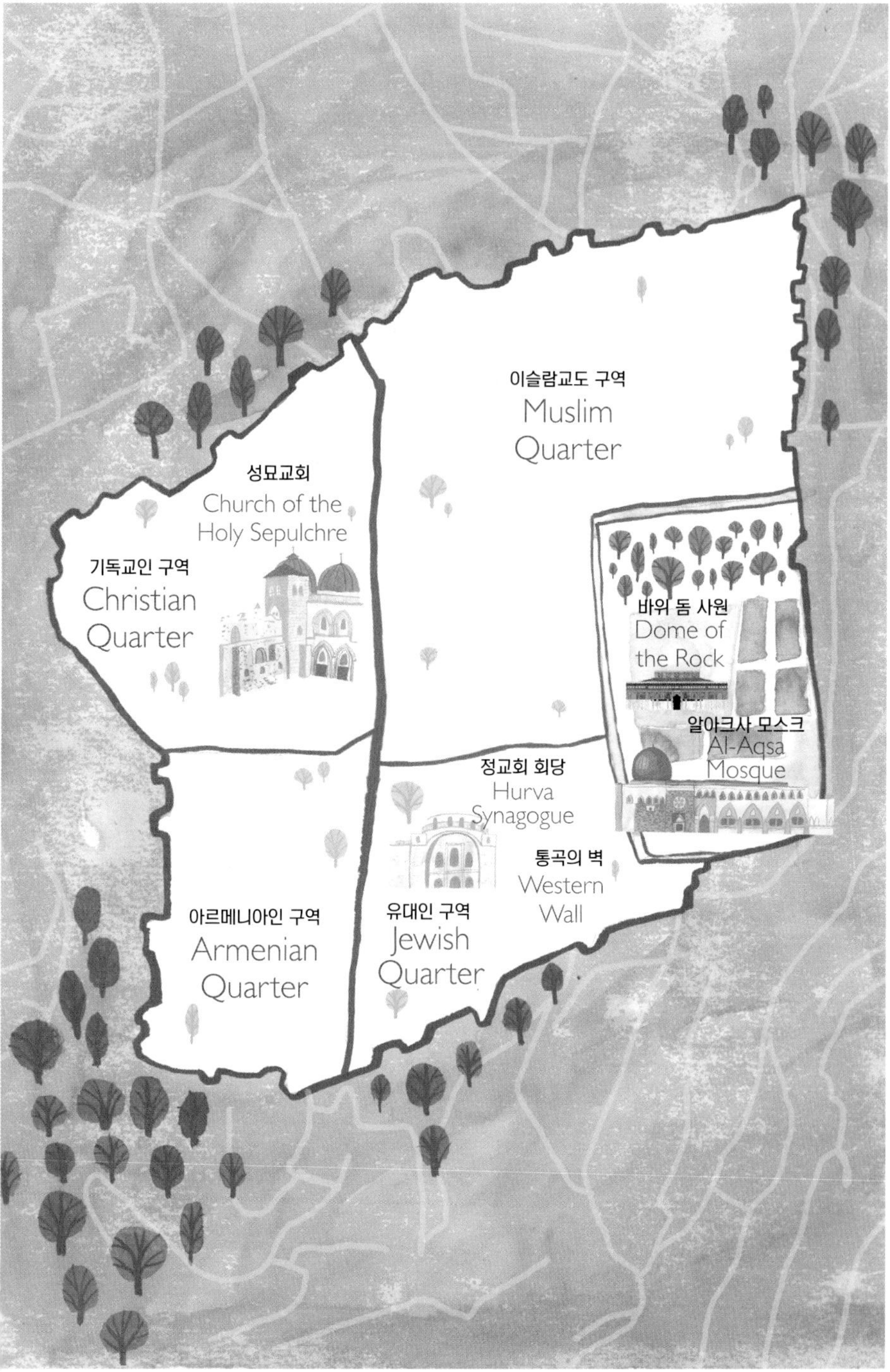
이슬람교도 구역
Muslim
Quarter
성묘교회
Church of the
Holy Sepulchre
기독교인 구역
Christian
Quarter
바위 돔 사원
Dome of
the Rock
알아크사 모스크
Al-Aqsa
Mosque
정교회 회당
Hurva
Synagogue
통곡의 벽
Western
Wall
아르메니아인 구역
Armenian
Quarter
유대인 구역
Jewish
Quarter

Wall)뿐이다. 그렇다 해도 성전산은 여전히 유대교에서 가장 성스러운 장소이기 때문에 세계 곳곳에 사는 유대인들은 기도할 때 이 방향을 향한다.

이슬람교도들에게 성전산은 알하람 아쉬샤리프(Al-Haram Ash-Sharif, 고귀한 성소)이다. 이슬람의 세 번째 성지로, 예언자 무함마드가 승천한 곳이라고 전해진다. 그로부터 얼마 지나지 않은 서기 637년, 이슬람이 예루살렘을 정복한 직후 이 자리에 알아크사 모스크Al-Aqsa Mosque와 화려한 바위 돔 사원Dome of the Rock이 세워졌다. 바위 돔 사원은 무함마드가 승천했다고 전해지는 바로 그 암석을 주춧돌 삼아 세운 화려한 사원이다. 아브라함이 번제를 바치려고 했다는 바로 그 암석이다.

기독교인들은 예수가 주기적으로 성전산을 방문하였고 이곳에서 치유와 설교를 했다고 믿는다. 예수는 또한 부패한 권위에 도전했고 결국 죽음을 맞이했다. 최후의 만찬이 예루살렘에서 있었으며 마지막 기도는 이 도시 성벽 바로 바깥에 있는 겟세마네에서 행해졌다. 예수는 골고다에서 십자가형을 당했는데, 현재 그 자리에는 예루살렘 성묘교회Jerusalem's Church of the Holy Sepulchre가 있고 예수의 무덤이 보존되어 있다.

오늘날 예루살렘에는 여러 종교의 목소리로 팽팽한 긴장감이 감돈다. 보안 검색과 무장경찰의 모습이 일상이 되었다. 하지만 이 장소에 깃든 영성은 그대로이다. 유대인들은 통곡의 벽 앞에서 기도에 집중한다. 성전산의 신성함을 모독할까 두려워 성전산 밟기를 꺼리기 때문이다.

하지만 종교에 상관없이 단정한 옷차림을 한 방문객은 입장이 허용된다. 무그라비 게이트Mughrabi Gate를 통해 들어가면 손발을 씻는 분수, 우아한 아치와 사이프러스 나무가 있는 조용하고 탁 트인 광장이 나온다. 가운데에는 황금빛 돔과 정교한 청록색 타일이 햇빛을 받아 반짝이는 바위 돔 사원이 있다. 여기에는 이슬람교도만 들어갈 수 있다.

돔 아래에는 거룩한 반석Foundation Stone이 있다. 그리고 그 아래에는 영들의 샘Well of Souls과 지성소Holy of Holies가 있다. 이 동굴은(각자의 신앙에 따라) 심판을 기다리는 죽은 자들의 목소리가 들리는 곳이거나, 세례자 요한의 수태고지가 일어난 곳이거나, 언약의 궤가 보관되어 있는 곳이다. 수많은 이야기와 전설, 수많은 믿음과 고통이 땅속 깊이 잠겨 있다.

**장소** 일본 혼슈(本州)
**특징** 옛 제국의 수도이자 영원한 문화의 중심지

## 교토
京都/KYOTO

문턱을 넘었다. 인간의 세계에서 영혼의 세계로, 세속적 세계에서 신성한 세계로 건너간다. 앞에는 신도神道의 전통 관문인 주홍색 도리이(鳥居, とりい)가 위로 쭉쭉 뻗은 채 뱀처럼 구불구불 늘어서 있다. 도리이의 간격이 얼마나 촘촘한지 양쪽 바깥에 있는 나무가 거의 보이지 않는다. 마치 붉은 핏줄이 후시미이나리伏見稲荷 신사의 사원들을 땅에서 산꼭대기까지 묶고 있는 것 같다. 탯줄을 타고 대자연의 자궁 속으로 빨려 들어가는 느낌이다.

관문을 하나씩 하나씩 통과하며 오르막을 올라간다. 관문에 새겨진 검은색 한자에는 이를 구매한 후원자들이 기원하는 복

이 담겨 있다. 작은 신사에는 미니어처 도리이가 쌓여 있는데 주머니가 가벼운 독실한 참배객들의 시선을 끈다.

차츰 관문의 밀도가 낮아지더니 드디어 시야가 탁 트인다. 아래에는 교토라는 도시가 펼쳐져 있다. 한때 헤이안쿄平安京라고 불렸던 교토는 평화와 고요를 상징하는 수도였고 천 년 이상 일본 문화의 중심지였으며 정신적 고향이기도 하다.

서기 8세기 후반 일본의 50대 천황 간무(桓武天皇, かんむてんのう)는 점점 더 억압적으로 변하는 불교 사원의 세력에서 벗어나기 위해 권력 본거지를 옮기기로 했다. 일본의 본래 수도였던 나라奈良에서 나가오카長岡를 거쳐(얼마 안 가 불길한 장소로 판단됨), 794년에 지금의 교토로 천도하였다.

위치는 이상적이었다. 북쪽 모퉁이에 산이 있어 악귀를 차단하는 자연적인 방어막이 되어주었다. 가모가와鴨川, 가쓰라가와桂川 두 강이 동쪽과 서쪽의 경계가 되고, 남쪽으로 흐르는 요도가와淀川와 합류하여 새로운 수도와 해안이 연결되었다.

웅장한 계획도시가 건설되었다. 성벽으로 둘러싸인 궁궐이 중앙에 자리했고 교차로와 도로가 연결되었다. 인구가 폭발적으로 증가하여 사원과 신사가 넘쳐나는가 하면 최고의 장인, 서예가, 가부키 무용수, 이케바나(꽃꽂이) 명인이 유입되었다. 그렇게 천 년 이상 번성했다. 그러다가 1868년 교토에서 에도(江

戸, 지금의 도쿄)로 수도가 이전되었다. 그러나 일본 문화의 백미는 지금도 여전히, 교토이다.

교토는 천 년 넘게 전투, 화재, 지진 등을 겪었지만 일본에서 가장 잘 보존된 도시로 손꼽힌다. 무엇보다 제2차 세계대전 때 공습을 면하면서 더 이상의 피해를 입지 않았던 이유가 크다. 교토는 원래 미군의 원자폭탄 투하 후보지였지만 헨리 스팀슨 Henry Stimson 미 육군 장관이 교토의 문화적 가치를 생각하여 그런 치명적인 공격에서 제외시킬 것을 주장했다.

오늘날 교토에는 오래된 골목길과 복잡한 현대 시설물 사이사이에 1,660개의 불교 사원, 400개의 신사, 90개의 기독교 교회를 포함하여 2,000개가 넘는 종교 유적지가 자리하고 있다. 시대와 함께 여러 변화를 겪었지만 일본의 정신적 맥이 가장 힘차게 뛰는 도시이다.

사진 명소인 주홍색 도리이 길이 있는 후시미이나리 신사는 서기 711년에 설립되었고 곡식과 풍요의 가미(신)인 이나리를 모시는 신사이다. 교토 근교에 있어 도시 전체를 둘러보거나 참배를 다녀오기 편리하다.

신사에서 기도하는 방법에는 여러 가지가 있는데, 예를 들어 오센코(향)를 태우는 방법, 나무로 된 에마(소원을 적은 나무패)에 소원을 적는 방법, 사원의 종을 치며 기도하여 영혼에게 소원을 비는 방법이 있다.

신사와 사원 입구 근처에는 데미즈야手水舍라는 작은 우물이 있다. 방문객들은 경내로 들어가기 전 샤쿠시(대나무 국자)로 손과 입을 헹궈 정갈하게 단장해야 한다.

다음으로 방문할 성지를 어떻게 고를지 고민이라면? 유네스코 세계문화유산으로 등재된 17곳 중 몇 군데를 골라 출발하는 것도 한 방법이다. 일찍 킨카쿠지(金閣寺, 로쿠온지)로 가서 금박을 입힌 사원과 그 주변의 나무들이 정원 연못에 비친 모습을 감상해보자.

선禪 사상이 담긴 료안지龍安寺의 가레산스이(枯山水, 돌과 모래로 꾸민 일본 정원)의 신비로운 모습을 내려다보며 생각을 비워보는 건 어떨까. 일본에서 가장 높은 목조탑인 도지東寺 오층탑을 음미해보는 것도. 신성한 고대 도시를 대략 훑어보는 데만도 천 년은 걸리겠다는 깨달음이 올 것이다.

**장소** 미얀마 양곤(Yangon)

**특징** 붓다의 머리카락 여덟 가닥이 보관된 신성하고 눈부신 불탑

## 쉐다곤 파고다

SHWEDAGON PAGODA(PAYA)

이 정도일 줄은 몰랐다. 이렇게 성심의 극치를 보여주는 불교 유적이 또 있겠는가. 쉐다곤 파고다(쉐다곤 파야)의 중앙 첨탑을 덮은 금은보화의 반짝임이 뜨겁고 어두운 밤하늘을 수놓는다. 마치 크리스마스 전구 수천 개를 켜놓은 것 같다. 언덕 위의 이 풍경은 수 킬로미터 밖, 심지어 우주 밖에서도 보일 것 같다.

그런데 무얼 위해 이렇게까지 화려한 것일까? 탑 아래에는 붓다인 고타마 싯다르타의 머리카락 여덟 가닥이 들어 있다고 전해지는 함이 묻혀 있다. 무엇보다 고귀한 보물을 경배하기 위한 소중한 유적이다. 미얀마에서 가장 신성한 장소….

쉐다곤 파고다의 역사는 다소 모호한 면이 있다. 탑으로 이루어진 단지는 약 2,500년 정도 되었다고 전해진다. 기원전 5세기경에 형제간이었던 상인 두 명이 열반에 든 고타마 싯다르타를 만났다. 고타마는 이들에게 손가락 폭 길이의 머리카락 여덟 가닥을 주었다.

형제는 미얀마로 돌아와 이 신성한 머리카락을 싱구타라 언덕Singuttara Hill에 안치했다. 싱구타라 언덕에는 전대 세 부처의 유물이 이미 묻혀 있었다. 까꾸산다Kakusandha 부처의 물 여과기, 꼬나가마나Konagamana 부처의 겉옷 및 카사파Kassapa 부처의 지팡이였다. 이 모든 유물을 보관하고자 팔꿈치 깊이까지 보석으로 가득 찬 분실이 만들어졌다.

그런데 머리카락을 운반할 때 '사람과 영혼 사이의 소동'이 있었다고 한다. 즉 번개가 번쩍이고 바람이 불고 귀머거리가 소리를 듣고 어리석은 이가 똑똑하게 말을 했다. 이 신비한 힘을 유지하기 위해 금박을 입힌 판으로 분실을 덮고 그 위에 금탑을 세웠다. 그리고 주변에 은, 구리, 청동, 철, 대리석 및 벽돌로 만든 탑들을 차례로 세웠다. 하지만 수백 년 동안 방치되는 바람에 소실되고 말았다.

글쎄, 이건 전해 내려오는 하나의 설화이다. 고고학자들은 쉐다곤 파고다가 서기 500년에서 1000년 사이에 처음 지어진

것으로 추정한다. 이후 여러 세기에 걸쳐 다양하게 개조되었고 15세기 신소부Shinsawbu 여왕의 통치하에 쉐다곤에 금박을 입히는 풍습이 시작되었다.

여왕은 자기 몸무게만큼의 금을 기부했고 이 금을 얇은 금박으로 만든 후 탑에 입혔다. 그러자 그녀의 사위는 자기 몸무게의 네 배에 달하는 금에 아내 몸무게만큼의 금을 더하여 기부했다. 사람들은 계속해서 금을 기부한다. 특별히 금박용으로 지정된 기부 상자가 있어 매년 금박을 다시 입힌다.

현재 이 불탑 단지는 지진 피해를 입은 후 18세기에 복원된 상태이다. 네 개의 계단이 싱구타라 언덕으로 이어지고 그다음 네 개의 자웅단(zaungdan, 포장된 통행로)이 중앙 테라스로 연결된다. 각 통행로 입구는 친테(chinthe, 반은 사자, 반은 용의 모습인 생물) 한 쌍이 지키고 있고 가판대와 꽃을 파는 상인들이 늘어서 있다.

매끄러운 대리석 재질의 바닥 위에 작은 전각, 불상 및 사당이 여기저기 들어서 있다. 그 중심에 있는 것이 바로 쉐다곤이다. 98미터 높이의 제디(zedi, 종 모양의 기념비)를 기단 위에 세우고 꼭대기에는 다이아몬드 5,448개, 기타 보석 2,317개, 황금 종 1,065개, 76캐럿 다이아몬드 1개로 장식한 티(hti, 양산 모양의 상륜부)를 얹었다. 불교 전통에 따라 제디 주위를 시계 방향으로 걷는다는 것과 신발을 벗어야 한다는 것을 잊지 말자.

제디 아랫부분은 스투파(stupa, 불탑)로 둘러싸여 있다. 가장 큰 스투파 네 개가 네 방위를 표시하는 자리에, 중간 크기의 스투파 네 개가 기단의 모서리에 서 있다. 그리고 작은 스투파 60개가 주변을 둘러싸고 있다. 또한 요일을 상징하는 동물 불상이 있다. 많은 참배객이 자기가 태어난 요일에 해당하는 불탑 앞에 일렬로 줄을 서서 촛불을 밝히고 불상에 물을 부으며 복을 기원한다.

진중한 거룩함이 가득하지만 쉐다곤 파고다 방문을 엄숙하게만 여길 일은 아니다. 많은 사람들이 사원에 가는 것을 신성한 나들이이자 친목을 도모하는 일로 여긴다. 특히 해 질 녘부터 활기가 넘친다.

양곤과 강물 너머 가라앉는 마지막 태양 빛을 감상한 다음 선선해진 저녁을 만끽해보자. 조명의 반짝임과 봉헌 촛불의 깜박거림도 무척 인상 깊지만, 재잘거리며 오가는 친구들, 붉은색 옷을 입은 승려들, 그리고 평화로운 기도를 하는 사람들이 여유롭게 거니는 모습에서 마음의 평화를 느낄 수 있다.

**장소** 스리랑카 중부 고원 지대

**특징** 정상에 찍힌 발자국 때문에 여러 종교에서 성스럽게 여기는 산

## 애덤스산
ADAM'S PEAK

계단을 오르고 또 오른다. 끝없이 계속된다. 숨이 턱밑까지 차오르고 팔다리가 풀릴 지경이다. 그런데도 저항할 수 없는 어떤 힘에 이끌려 가로등만 희미하게 켜진 어둠을 뚫고 계속 올라간다. 육체적 고행길에 합류했다. 영성 노래, 사두sadhu들이 외는 독경, 길옆에서 끓이는 톡 쏘는 차이chai 향이 밤공기를 채운다.

새벽이 다가올수록 피로도가 증가하지만, 높아지는 고도와 함께 기분 또한 점점 고조된다. 고지가 눈앞이다. 스리랑카의 무성한 차 재배지에 있는 애덤스산Adam's Peak 꼭대기에는 여러 종교의 신자들이 모여드는 '신성한 발자국' 스리파다sri pada가

있다. 사람들은 이 신성한 바위에 올라 경배하고 산봉우리가 평원에 드리운 완벽한 피라미드형 그림자를 보며 경외심을 갖는다….

애덤스산은 스리랑카에서 제일가는 순례지이다. 2,243미터의 원뿔형 산 정상에는 길고 넓게 움푹 파인 자국을 품은 바위가 있다. 종교마다 다르게 해석하는 '신성한 발자국'이다.

초기 싱할라Sinhalese족은 이 산이 스리랑카의 수호신이자 나중에 불교의 보살(깨달은 존재)이 된 사만Saman 신이 거주하는 곳이라고 믿었다. 그를 기리는 의미에서 이 산에 날아드는 수백만 마리의 노랑나비 떼를 사만날라요samanalayo라고 부른다.

오늘날 사만 신을 모시는 주 사원은 라트나푸라Ratnapura라는 마을에 있으며 여기에서부터 정상으로 가는 험난한 순례길이 시작된다. 그리고 정상에 신성한 발자국을 보호하는 사만 신의 사원이 하나 더 있다.

불교도들은 이 신성한 발자국이 붓다인 고타마 싯다르타의 것이라고 믿는다. 기원전 5세기 고타마가 이 섬에 세 번째 왔을 때, 왼발로 애덤스산을 밟고 벵골만을 가로질러 성큼성큼 걸어갔다고 전해진다. 오른 발자국은 태국에 남긴 채. 약 1.8미터에 달하는 발자국 크기로 미루어 보아 붓다의 키는 10미터가 넘었을 것이다.

한편 힌두교도들은 이 발자국이 시바Shiva 신이 춤을 추며 세상을 만들 때 생긴 것이라고 믿는다. 기독교인들은 스리랑카에 기독교를 전파한 12사도 중 한 명인 성 토마스St Thomas의 것이라고 한다. 그런가 하면 15세기의 문헌에는 중국 신화의 창시자인 판구Pangu가 남긴 것으로 되어 있다.

이슬람교도들은 스리파다가 선지자 아담의 것이라고 한다. 아담은 낙원에서 쫓겨난 뒤 여기에 한 발을 디뎠고 그렇게 서서 천 년 동안 참회를 해야 했다. 산기슭에서 엄청나게 나오는 토파즈, 루비, 가넷, 사파이어 같은 원석은 아담과 이브가 낙원을 떠날 때 흘린 눈물의 결정들이다.

이 발자국은 기원전 1세기에 폐위된 발라감바후Valagambahu 왕이 수사슴으로 변장한 신이 이끄는 대로 가다가 발견했다고 전해진다. 이후 전설적인 여행가 이븐 바투타Ibn Battuta, 마르코 폴로Marco Polo를 포함한 모든 종교와 계층의 순례자들이 이곳을 방문했다. 오늘날에도 매년 수천 명의 사람이 애덤스산에 오른다. 12월부터 5월까지가 길가의 가로등도 환하고 날씨도 가장 건조하여 순례하기 좋은 시즌이다.

등산로는 네 개이며, 차 농장과 불교 사원을 지나 산속의 야생보호구역으로 이어진다. 가파른 계단과 급격한 내리막이 반복되는 힘겨운 구간도 나온다. 길가에는 순례자와 여행객이 도중에 쉬어갈 수 있는 암발라마Ambalama라는 숙박시설도 있다.

드디어 정상이다. 발자국을 보존하고 있는 작은 사원이 함께 시야에 들어온다. 신심 깊은 사람들은 신성한 바위에 이마가 닿게 엎드려 절하고 음식, 돈, 은으로 감은 코일을 봉헌한다. 웅덩이에 고인 빗물을 뜨는 사람도 있는데 이 물에 치유의 효험이 있다고 전해진다.

사원 밖 경치가 장관이다. 멀리 인도양의 푸른빛을 닮은 중부 고원의 능선이 스리랑카 전역으로 물결치며 퍼져나간다. 많은 사람이 자신의 신과 더 가까워진다. 그 신이 누구든 간에.

**장소** 인도 북부 우타르프라데시(Uttar Pradesh)주
**특징** 힌두교도들이 죄를 씻으러 오는, 성스러운 강이 흐르는 신성한 도시

## 바라나시와 갠지스강
VARANASI AND THE GANGES

강물은 아주 먼 길을 왔다. 세계에서 가장 높은 산맥의 얼음 고원에서 출발해 녹음이 우거진 언덕, 소들이 일군 농지, 작은 마을, 북적이는 순례 중심지를 지나 푹푹 찌는 인도 평원까지 흘러왔다. 그리고 드디어 힌두교에서 가장 신성한 바라나시에 도착했다.

빛의 도시 바라나시는 파괴와 재생의 신 시바Shiva가 세웠다고 한다. 독실한 힌두교도들은 갠지스의 성수가 자신의 죄를 씻어줄 것이라는 믿음으로 몸을 씻으러 온다. 순수한 염원은 더욱 순수해지고 불순한 염원은 순수함을 얻는다, 적어도 이 순간만큼은….

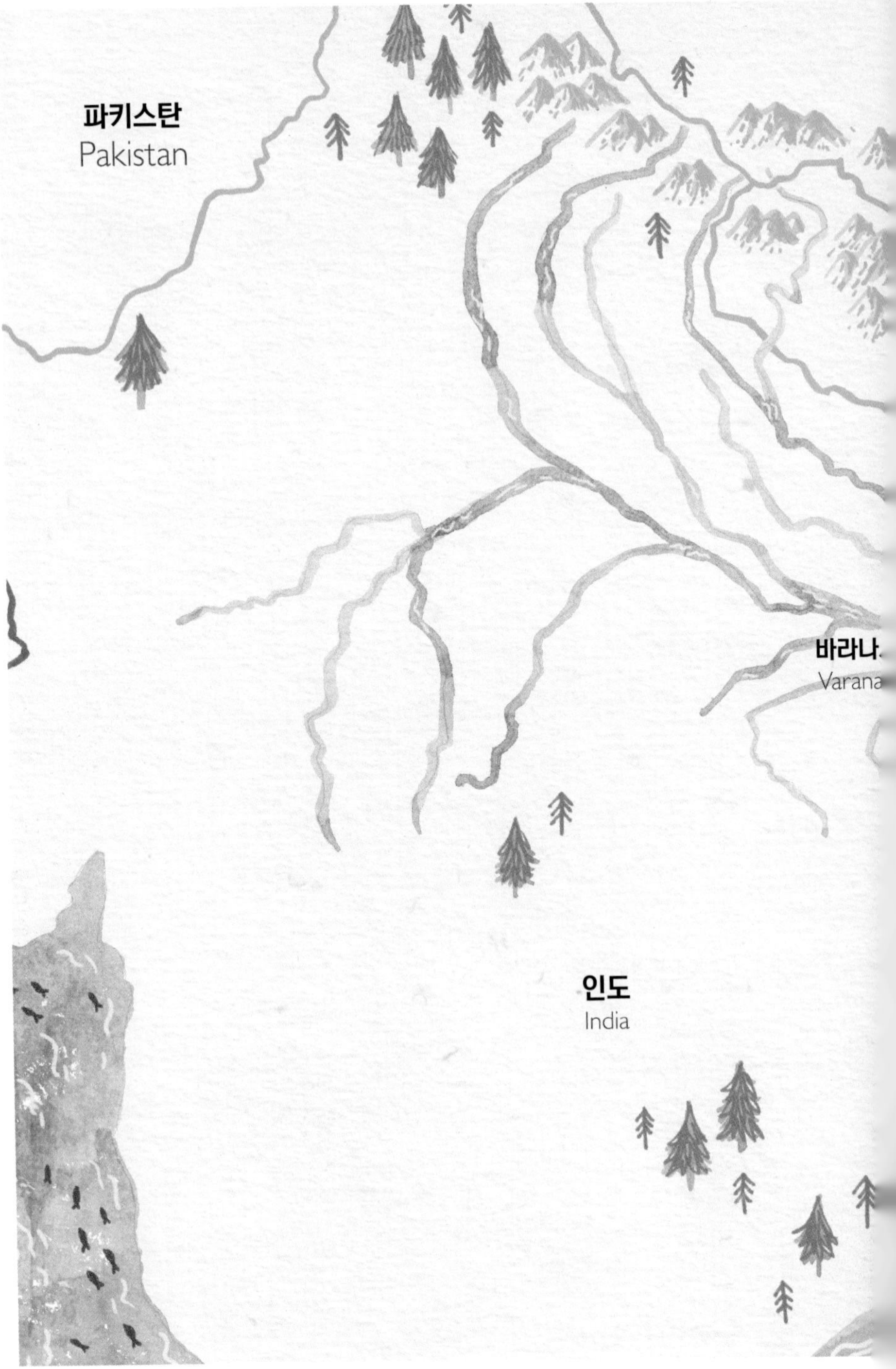

파키스탄
Pakistan
바라나
Varana
인도
India

중국
China
네팔
Nepal
부탄
Bhutan
갠지스강
The Ganges
방글라데시
Bangladesh
미얀마
Myanmar

갠지스강은 히말라야산맥의 강고트리Gangotri 빙하에서 발원하여 2,500킬로미터 이상을 여행한 후 벵골만으로 흘러든다. 인도에서 가장 신성한 수로이다. 얼마나 신성시되는지 인도에서 최초로 인간과 동등한 법적 권리를 부여받은 물적 인격체이다. 그래서 갠지스강을 해치거나 오염시키는 행위는 법의 관점에서 사람을 학대하는 것과 같은 취급을 받는다.

인도 사람들에게 강은 물의 형태를 지닌 여신이다. 힌두교 신화에 따르면 강가Gángā 신은 지하에 있는 영혼들을 정화하기 위해 하늘에서 내려오라는 명을 받았다. 하지만 내려가고 싶지 않았던 그녀는 화를 내며 지상을 물로 쓸어버리겠다고 결심했다. 그러자 이 강한 여신을 진정시킬 수 있는 유일한 신 시바가 개입했다. 그는 머리카락을 풀어 헤쳐 강물을 받아낸 후, 강가의 분노가 누그러지자 강물을 부드러운 물줄기로 바꾸어 대지로 흘려보냈다.

우타르프라데시Uttar Pradesh주의 갠지스강 중류 연안에 위치한 바라나시는 세계에서 가장 오래된 도시 중 하나이다. 한 전설에 따르면 이곳은 시바와 그의 아내 파르바티Parvati가 시간이 처음 흐르기 시작했을 때 서 있던 곳이라고 한다. 인간이 신에게 다가가고 신이 지상으로 내려오는 영혼의 교류 장소 띠르따tirtha 중, 카시(Kashi, 빛)라고도 하는 바라나시가 가장 신성한 곳

으로 꼽힌다. 그리하여 수천 년 동안 수많은 순례자가 구원과 열반을 찾아 이곳으로 모여들었다.

힌두교도들은 강물에 죄를 씻어내기 위해 일생에 적어도 한 번은 오고 싶어 한다. 자이나교도들 역시 바라나시를 신성하게 여기는 한편, 불교도들은 기원전 530년경에 붓다가 처음 설법을 펼친 인근의 사르나트Sarnath를 성지로 여긴다.

바라나시에는 좁고 허름한 골목길, 아시람ashram과 궁전, 달구지, 인력거, 보석상, 비단 직공 등이 복잡하게 뒤엉켜 있다. 열 걸음마다 나온다고 하는 사원 중에 가장 유명한 것은 황금빛 첨탑이 있는 비슈와나트Vishwanath 사원이다. 고대 시바 신의 남근상인 링감lingam이 있는데 특정 성일이 되면 힌두교도들은 몇 시간씩 줄을 서서 만질 차례를 기다린다.

바라나시에서 할 수 있는 활동은 역시 갠지스강에 집중되어 있다. 강으로 내려갈 수 있는 가트(Ghat, 돌계단)가 물가를 따라 수없이 많이 설치되어 있다. 가트에서는 푸자(Puja, 기도 의식)를 행하는 신자들, 크리켓 공을 던지거나 공중제비를 도는 아이들, 피처럼 붉은 빈랑나무 열매를 씹는 노인들, 스트레칭을 하는 요기Yogi들, 형형색색의 사리를 빨고 있는 여성들, 향을 피우고 만트라를 외는 장발의 사두들을 볼 수 있다. 성수에 몸을 씻으려는 사람들도 이 계단으로 내려간다. 또한 무너져가는 왕궁이나 사원으로도 연결된다.

가트는 이렇게 떠들썩한 축제의 장이기도 하지만 죽음을 맞이하는 곳이기도 하다. 힌두교도들은 바라나시에서 임종을 맞으면 해탈을 한다고 믿기 때문에 시신을 화장하는 전용 가트가 있다. 나무 장작더미 위에서 시신을 태우고 연기가 하늘로 다 사라지면 재를 모아 성수에 뿌린다.

강의 멋진 분위기를 향유할 수 있는 가장 좋은 시간은 새벽이다. 뱃사공과의 흥정 후 갠지스강 위를 흘러내려 오면서 태양빛으로 따스해지는 가트와 사원 그리고 그 사이에서 총총거리는 원숭이를 볼 수 있다.

정적이 흐른다. 이 정적을 깨는 것은 오직 느릿느릿 돌아가는 노, 새들의 지저귐, 이른 아침 의식을 알리는 종소리뿐이다. 이 고대 도시가 잠에서 깨어 삶과 죽음, 용서와 해방의 순환이 다시 시작되는 장면을 지켜보자.

**장소** 중국 티베트 자치구(Tibet Autonomous Region)
**특징** 여러 종교에서 우주의 중심이라 여기는 산봉우리 성전

# 카일라스산
MOUNT KAILASH

하늘이 구름 한 점 없이 눈부시게 파랗다. 오색의 룽다(Lungda, 기도 문구를 적은 오색 깃발–역주)가 바람에 펄럭이자 털이 덥수룩하고 건장한 야크떼가 메마른 이마에 볕을 세운다.

가까이에서 한 남자가 나지막이 기도문을 읊조리며 몇 번째인지 모를 오체투지를 한다. 그리고 이 모든 것의 중심에는 고원에 홀로 우뚝 솟은 거대한 카일라스산이 있다. 바위를 깎고 눈으로 박을 입혀 만든 사원 같다.

몸이 떨려오는 건 비단 차가운 공기 때문만이 아니다. 카일라스의 압도적인 외형뿐 아니라 엄청나게 강한 영성 때문일 것이다. 단순한 산의 의미를 넘어 만다라이자 우주의 배꼽이며 아

시아 4대 강의 원천이다. 수십억 명의 사람들에게 신성시되지만 아직 소수의 사람만이 다녀간 곳이다.

힘의 피라미드. 정복되지 않은 봉우리. 죄를 사하는 존재. 다시 한 번 몸이 떨려온다….

카일라스는 티베트고원 서부에 있는 6,714미터 높이의 단독 봉우리로 네 개의 종교에서 신성시한다. 티베트의 주술신앙 본교Bon(=폰교)에서는 9층짜리 만卍 문양의 산이라고 본다. 남쪽 면에는 여러 겹의 수평층에 수직 균열이 나 있는데 이는 고대 행운의 상징과 비슷하다. 본교에서 이 봉우리는 하늘의 여신 시파이먼Sipaimen의 거처이자 영적 힘이 솟는 근원지이다.

불교에서는 보석 같은 설산이라는 뜻의 강 린포체Gang Rinpoche라고 부른다. 탄트라신 뎀촉의 거처이며 티베트의 토속신앙이 본교에서 불교로 대체된 곳이다.

전설에 따르면 11세기 후반에 불교 성자인 밀라레파Milarepa가 본교의 사제 나로본충Naro-Bonchung을 만나 누가 영적 힘이 센지 겨루기 위해 초인적인 접전을 벌였다고 한다. 그러나 좀처럼 승부가 나지 않자 이번에는 누가 카일라스산에 먼저 도착할지 내기했다.

나로본충이 마법의 북을 타고 올라가는 동안 밀라레파는 아래에 앉아 명상을 했다. 그런데 나로본충이 정상에 거의 다다랐

을 때 밀라레파가 태양광선 위를 미끄러지듯 올라타서 그를 앞질렀다.

자이나교 우주론에서 카일라스는 아슈타파다Ashtapada산이라고 하며, 신앙의 창시자인 리샤바데바Rishabhadeva가 해탈한 곳이라고 본다.

힌두교에서 카일라스는 낙원이자 시바 신이 거주하는 곳으로 널리 알려져 있다. 전설에 따르면 파괴와 재생의 신 시바는 산 정상에서 요가를 수련하고 그의 아내 파르바티Parvati와 사랑을 나누며 시간을 보낸다고 한다. 산봉우리를 시바의 링감(남근)으로, 근처 사파이어색의 마나사로바Manasarovar 호수를 파르바티의 요니(자궁)로 여기는 전통도 있다.

신화는 각기 다를 수 있지만, 네 종교의 신자들 모두 이곳에 와서 힘든 수행을 한다. 그들은 티베트고원을 가로질러 온 후 순례길의 관문인 다르첸Darchen으로 이동한다. 이곳에서부터 산 밑자락을 도는 코라kora 수행을 하여 영적 삶의 완성에 이르고자 한다.

순례길은 약 52킬로미터로 대부분 하루를 꼬박 들여 수행을 마치지만, 어떤 사람들은 2~3일에 걸쳐 하기도 한다. 강인한 신심으로 오체투지를 하며 도는 사람들도 있다. 무릎을 꿇은 후 땅바닥에 길게 엎드려 손을 바닥에 댄 뒤 다시 무릎을 꿇은 채

기도를 한 다음 방금 표시한 지점을 향해 앞으로 기어가는 동작을 반복한다.

이 방식으로 코라를 완수하려면 2~3주가 걸리기도 한다. 불교 전통에서는 1코라를 수행하면 이번 생애의 업장이 소멸되고, 12코라를 한 세트로 보고 108코라를 수행하면 해탈의 경지에 이른다고 한다.

다르첸에서부터 순례자들은 윤장대를 돌리며 수행을 시작하다가 만트라가 새겨진 마니석을 지나 원시적이고 장엄한 풍경이 펼쳐지는 곳으로 걸어간다. 도중에 여러 신성한 지점이 나온다.

초르텐(chorten, 티베트 불탑)과 언덕에 자리 잡은 사원, 밀라레파의 발자국이 찍힌 바위, 그리고 보다 축복받는 환생을 기원하며 손가락으로 찌르는 동작 같은 죽음의 의식을 행하는 천장天葬지 등이다.

코라의 정점은 눈 때문에 자주 고립되는 5,630미터 돌마라Drolma-la 고개이다. 하늘을 뜻하는 파란색, 바람을 뜻하는 흰색, 불을 뜻하는 빨간색, 물을 뜻하는 초록색, 땅을 뜻하는 노란색의 오색 룽다가 나부끼는 모습은 무엇보다 장관이다.

여기서 죽는 사람은 즉각적인 열반에 이른다고 한다. 그런데도 별 탈 없이 무사히 등반을 마친다면 그곳에 옷가지 일부는 남겨 두자, 온갖 근심과 걱정, 욕심들이 바람에 모두 날아갈 수 있게.

**장소** 뉴질랜드 북섬(North Island)

**특징** 바다가 충돌하고 마오리족이 사후세계로 들어가는 북부의 곶

## 레잉가곶
CAPE REINGA

거친 야생의 바람이 부는 곶 앞바다에서 태즈먼해Tasman Sea와 태평양이 충돌한다. 서로 다른 해류가 세차게 부딪쳐 거품과 소용돌이가 생긴다. 깊고 푸른 바다에 생긴 파문을 본 마오리족이 지하세계로 가는 관문이라고 믿은 것도 무리는 아니다. 테 레렝가 와이루아Te Rerenga Wairua곶이라고도 불리는 레잉가곶Cape Reinga은 '영혼이 뛰어내리는 장소'라는 뜻이다.

뉴질랜드 최북단에 위치한 이곳은 정말 세상의 끝자락처럼 느껴진다. 파도가 부서지고 모래언덕이 일렁이고 바닷새가 목청껏 지저귄다. 험준한 바위 위의 등대는 바다가 배반할 수 있음을 경고한다. 많은 배가 이곳에서 좌초되었다. 세월과 날씨

탓으로 두 배 더 굽은 채 홀로 서 있는 나무 한 그루, 죽은 영혼들이 바다로 뛰어내린다는 바로 그 지점이다….

13세기 초 칭기즈칸이 몽골제국을 이끌 때, 페루에서는 잉카족이 출현하고 영국에서는 존왕이 대헌장Magna Carta에 서명했다. 반면 태평양 외딴곳에 떠 있는 뉴질랜드는 여전히 사람의 발길이 닿지 않는 미지의 땅이었다.

이곳을 처음 발견한 사람은 현재 마오리족이라고 하는 용맹한 폴리네시아 선원들로, 서기 1250년경 와카(waka, 카누)를 타고 도착했다.

마오리족은 기록된 역사를 가지고 있지 않지만 그들의 창조신화는 여러 세대에 걸쳐 구전되었다. 신화에는 이 외딴곳에 있는, 이상하고 혼란스러우면서도 환상적인 군도를 이해하려는 이야기가 풍성하게 담겨 있다.

마오리족에 따르면 태초에 하늘의 아버지인 랑기누이Ranginui와 땅의 어머니인 파파투아누쿠Papatuanuku가 있었다고 한다. 그들은 서로 꼭 감싸 안고 있었기 때문에 아들들은 그 둘 사이의 어둠 속에 끼여 있어야 했다. 어느 날 큰아들이 부모님을 따로 떼어놓아 움직일 공간을 확보하기로 결심했다. 농작물의 신 론고Rongo가 먼저 시도했다. 그러자 바다의 신 탕가로아Tangaroa와 야생 음식의 신 하우미아 티케티케Haumia-tiketike가 합류했다. 하

지만 랑기누이와 파파투아누쿠는 꿈쩍도 하지 않았다.

그러자 숲의 신이자 가장 힘이 센 타네 마후타Tane Mahuta가 끼어들었다. 그는 어머니에게 어깨를 대고 두 다리로 아버지를 밀어내어 둘을 떼어놓는 데 성공했다. 파파투아누쿠는 하염없이 많은 눈물을 흘렸고, 그 눈물이 강과 개울을 이루었다. 결국 그치긴 했지만 슬픔은 가시지 않았다. 숲에서 피어오르는 안개는 남편의 손길을 그리워하는 파파투아누쿠의 탄식이라고 한다.

어머니와 아버지를 떼어놓은 데 성공한 후 타네 마후타는 주변에 어머니 외에 다른 여인은 왜 없는지 궁금해졌다. 아내를 찾으러 다녔지만 인간이 아닌 동물의 암컷만 발견하였고, 어쩔 수 없이 새와 식물만 창조하였다. 결국 자신이 직접 여인을 만들기로 했다. 파파투아누쿠의 우하(uha, 생식기)에서 비옥한 붉은 점토를 채취하여 여인의 형태로 만든 다음 생명을 불어넣고 히네아후네Hineahuone라 불렀다. 히네아후네와 타네는 히네누이테포Hinenuitepo를 얻었다. 타네는 히네누이테포와의 사이에서도 많은 자손을 낳았고 그들이 인류가 되었다.

시간이 흐를수록 히네누이테포는 아버지가 누구인지 의문이 생기기 시작했다. 어느 날 타네에게 묻자, 타네가 자신이 아버지라고 말했다. 히네누이테포는 심한 수치감에 테 레렝가Te Re-

renga로 도망쳐 지하세계로 뛰어들었다. 지상의 아이들은 타네가 보살피며 키울 것이고 사후세계에서는 그녀가 돌볼 것이다.

마오리족은 사망 시 탕기항가(tangihanga, 장례식)를 치르는데, 와히 타푸(wahi tapu, 성스러운 장소)로 여기는 공동 집회소인 마라에marae에서 진행된다. 시신은 개방된 관에 안치되며, 조문객들은 아무리 먼 곳에 살아도 찾아와서 약 3일 동안 고인에 대한 이야기를 나눈다. 또한 슬픔을 표현하고, 울고, 애도하며, 고인에게 하와이키Hawaiki로 잘 돌아가라고 말해준다. 하와이키는 모든 마오리족이 태어났다가 죽음 이후에 돌아가는 지하세계로, 생명의 기원 그 자체인 장소이다.

장례 후 영혼은 뉴질랜드의 어느 곳에 있든지 그 자리를 떠나 여행을 떠난다. 이 생명의 본질은 우선 해안을 휩쓸며 먼 북쪽까지 가는 것으로 전해진다. 중간에 와이푸아 숲Waipoua Forest 근처를 지나는데, 이 숲에는 1,250년에서 2,500년 사이의 수령으로 추정되는 거대한 카우리 나무(학명 : Agathis australis)인 타네 마후타가 서식하고 있다.

다음으로 거친 '나인티 마일 비치(Ninety Mile Beach, 실제로는 64마일/103킬로미터에 불과함)'를 따라 레잉가곶 꼭대기까지 미끄러져 간다. 여기에서 800년 된 포후투카와pohutukawa 고목의 뿌리인 테 아카Te Aka를 타고 바다로 내려간다. 그리고 거세

게 충돌하는 해류, 테 리포아 마우리아누쿠Te Ripo-a-Mauria-nuku 아래에서 수중으로 이동한다. 이렇게 가다 보면 아무도 살지 않는 삼왕도Three Kings Islands 중에서 가장 큰 섬인 마나와타휘(Manawatawhi, 마지막 숨결)까지 다다른다. 영혼은 섬의 가장 높은 지점으로 올라가서 마지막으로 세상을 돌아본다. 그러고는 깊은 곳으로 뛰어들어 히네누이테포의 안전한 품으로 돌아간다.

레잉가곶은 삶과 죽음의 순환에서 뉴질랜드 마오리족에게 영적으로 가장 중요한 장소, 즉 먼저 죽었던 모든 사람과 연결되는 장소이다. 그러한 까닭에 이곳에서는 취식이 허용되지 않는다. '땅을 있는 그대로 내버려두라(toihu te whenua)'는 데에 동의를 구하는 것이다.

다행히 다른 탐험 거리가 많다. 해안을 따라 굽이굽이 펼쳐지는 다양한 산책로를 걷거나, 아름다운 해변을 감상하거나, 산재해 있는 수 세기 전 인류 정착의 증거를 찾아다니는 것도 의미 있다.

안개가 자욱하고 구름이 낮게 드리워진 날, 일부 마오리 족장들은 어슴푸레한 정적을 가르는 희한한 고음의 노래를 들을 수 있다고 말한다. 영혼이 지나가는 소리라고 한다. 레잉가곶까지 나인티 마일 비치의 단단히 다져진 모래 위를 운전하면서는

(공식적인 고속도로의 일부임) 그 소리를 듣지 못할 수도 있다. 하지만 날씨가 사나운 날 성난 하늘 아래 파도가 세차게 몰아치면, 바로 잠수만 하면 되는 거리에 마오리족 조상들의 지하세계가 있다고 상상하게 될 것이다.

**장소** 호주 노던 준주(Northern Territory)

**특징** 원주민 구역 내의 거대 단일 암석. '드림타임' 시대의 전설이 풍부함

# 울루루

ULURU

인적 드문 오지에 적갈색 빙산이 솟아 있다. 생뚱맞아 보이지만 세상의 중심 같아 보인다. 붉은 모래와 스피니펙스 풀이 깔린 벌판에 엄청난 존재감을 자랑한다. 하늘에서 뚝 떨어졌나, 심연에서 떠올랐나? 혹시 덤불, 뱀, 캥거루가 사는 황야에 쪼그리고 앉아 있는 외로운 거인 아닐까?

한편 자철이 섞인 천연자석으로 볼 수도 있다. 그래서인가, 시선을 떼 보려 해도 떨어지지 않는다. 호주라는 큰 과녁 한복판에 불스아이bull's-eye처럼 존재하는 이 어마어마한 바위는 자성을 띤, 간과할 수 없는 기념비적 존재이다. 특히 해 질 녘에 측면이 황갈색으로 타오르는 모습이 무척 인상적이다. 호주 원

주민들이 신성하게 여길 만하다. 이 사암의 야수가 어찌 태초의 시간부터 함께 하지 않을 수 있었겠는가.

4만여 년 전 처음 호주에 온 원주민들(애버리진, Aboriginal people)에게는 '드림타임Dreamtime'이라는 신화가 꽃피는 '황금기'가 있었다. 드림타임은 최초의 조상들이 창조된 시기로 그들 신앙 체계의 주축이자 세상을 해석하는 수단이었다. 또한 지식의 여명을 밝혔고 삶에 중요한 규범과 의식의 발전을 가져왔다.

드림타임 신화에 따르면 태초의 지구는 평평하고 어둡고 텅 빈 곳이었다. 하지만 수면 아래에는 잠든 존재들이 있었는데, 이들이 깨어나면서 지각을 뚫고 터져 나왔다. 태양도 떠오르면서 처음으로 빛이 탄생했다.

조상 격인 반 인간 반 식물의 생명체들은 이 일대를 돌아다니며 비범한 자연풍광을 만들어냈다. 노래하고 낚시하고 사냥하고 죽는 삶을 영위하면서 산과 강, 사막과 나무를 만들었다. 왈라비와 도마뱀, 독수리와 개미, 불과 물, 달과 별, 그리고 사람까지.

이 모든 창조 작업이 끝나자 이 생명체들은 피로감을 느껴 땅으로 돌아가서 다시 잠들었다.

울루루가 드림타임 시대 조상들이 만든 가장 놀라운 유산임에 이견이 없다. 폭 1.6킬로미터, 길이 3.2킬로미터가 넘는 이

암석은 땅 위에 약 350미터 높이로 솟아 있다. 그런데 빙산처럼, 이보다 두 배나 큰 부피의 암석이 땅 아래에 묻혀 있다.

한 전설에 따르면 두 명의 소년이 빗물에 젖은 진흙을 가지고 놀면서 차츰차츰 높아진 더미가 울루루라고 한다. 또 다른 전설에 따르면 커다란 무지개 뱀이 너무 늙어서 소화를 못 시키고 토해낸 커다란 붉은 캥거루의 잔해라고 한다. 또 어떤 전설에서는 두 조상 부족 사이에 혈투가 일어나자 슬픔에 잠긴 땅이 융기한 것이라 한다.

현재 울루루-카타추타Uluru-Kata Tjuta 국립공원은 전통대로 아난구Anangu족의 소유로 되어 있다. 그들은 세상 사람들에게 울루루를 등반하지 말아 달라고 당부한다. 첫 번째 이유는 위험한 경사 때문이고 두 번째 이유는 문화적 중요성 때문이다.

등반은 현재 전면 금지되어 있다. 대신 울루루 둘레를 걷는 코스가 있다. 주변 약 10킬로미터의 산책로를 돌다 보면 이 거대한 단일 암석 곳곳에 돌발적인 틈, 균열, 홈이 난 것이 보인다. 아난구족은 이것이 말라Mala족 토끼 왈라비와 쿠르팡가Kur-pannga족 정령 딩고 등 신화 속의 여러 주인공이 남긴 흔적이라고 한다. 지금도 주변의 웅덩이, 바위 및 동굴에서는 여전히 전통 의식이 거행된다.

이렇게 걷는 것은 원주민 문화와도 맥을 같이한다. 드림타임 시대의 조상들은 이 땅을 돌아다니면서 세상을 창조하였다. 그렇게 만든 새로운 창조물 사이에 '노래 길songline'을 배치했다. 이리저리 엮여 있는 신성한 발자취들은 호주 원주민들이 여전히 답습하는 순례의 전통과 소요逍遙의 감수성을 불러일으켰다.

오늘날에도 호주 원주민들은 매년 계절에 맞추어 노래 길을 따라 걷는 체험에 나선다. 걸으면서 옛 설화를 떠올리고 노래하며 춤을 춘다. 과거 이러한 의식은 지도 역할도 하여, 아무런 표시가 되어 있지 않은 길 위에서 어디로 가야 하는지 방향을 제시해주었다. 노래 길이 대대로 잘 전수된 덕분에 호주 원주민들은 수천 년 전 조상들의 영혼이 처음 밟았던 발자취를 현재에도 따라 걷고 있다.

**장소** 미국 오리건(Oregon)주

**특징** 함몰된 화산에 생긴 깊은 호수. 아메리카 원주민 클래머스족이 신성시함

## 크레이터 호수
CRATER LAKE

흙먼지 날리는 비포장 길이 독미나리, 붉은 전나무와 로지폴 소나무 가지를 헤치고 가파른 절벽 면을 따라 지그재그로 내려온다. 나뭇가지 사이로 청아한 푸른색이 드문드문 보인다. 크레이터 호수, 산 그릇 안에 담긴 호숫물이 맑고 투명하게 빛난다. 현재 이 칼데라 호수 근처까지 내려가는 방법은 가파른 클리트우드 코브 트레일Cleetwood Cove Trail이 유일하다.

박새가 지저귀는 소리를 들으며 비탈길을 내려갈 채비를 하는데, 이보다 더 위험했을 비전 퀘스트(vision quest, 집을 떠나 숲으로 가서 자신의 삶의 목적을 구하는 아메리카 원주민의 성인 통과의례–역주)를 수행했던 클래머스Klamath 원주민이 떠오른다. 이들

에게 크레이터 호수는 전통적으로 내려오는 영적 의식을 치르는 중요한 장소였다.

클래머스 남자들은 깎아지른 칼데라 절벽을 타고 호숫가까지 달려 내려갔으며, 절벽에서 떨어지지 않고 호숫가에 도착하면 영적 힘이 강한 사람으로 추대되었다. 클래머스 언어로 신비한 웅덩이를 뜻하는 기와Giiwas는 경배와 두려움을 동시에 일으키는, 위험하고도 신성한 곳이었다….

약 7,700년 전 마자마Mazama산에 무시무시한 폭발이 일어났다. 미국 북서부 캐스케이드산맥Cascades Mountains에 있는 이 높은 성층화산은 뜨거운 가스 기둥과 화산암을 하늘 높이 분출했다. 화산재와 하얀 파편이 수 킬로미터 이상 퍼져나갔고 결국 마자마산은 함몰되었다. 50만 년 동안 용암 퇴적물이 차곡차곡 쌓여 만들어진 산봉우리가 단 며칠 만에 사라졌다. 그렇게 생긴 분화구는 깊이가 거의 600미터에 달했고 눈과 비가 고여 크레이터 호수가 되었다.

이 과학적인 현상을 전하는 사뭇 다른 이야기도 있다. 마자마 산봉우리가 폭발하기 전 클래머스족 조상은 오리건주 캐스케이드산맥에 살고 있었다. 어느 날 지하세계의 우두머리이자 산의 정령인 라오Llao가 지구의 배 속에 있는 자신의 집에서 나와 마자마산 정상에 올라섰다. 그는 땅을 살피던 중 어느 족장의 딸을 보게 되었고 사랑에 빠졌다.

그는 족장의 딸에게 자신이 저 지하세계로 돌아갈 때 함께 가면 영원한 생명을 선사하겠다고 맹세했다. 그녀가 거절하자 라오는 격분했다. 그는 산 위로 돌진하여 화염과 분노를 내뿜었고 그녀의 부족을 전멸시키겠다고 위협했다.

한편 하늘의 정령이자 지상 세계의 우두머리인 스켈Skell은 인간을 가엾이 여기고 인간을 수호하기 시작했다. 스켈은 캐스케이드산맥의 남쪽 끝에 있는 섀스타Shasta산에 자리를 잡았다. 두 명의 우두머리는 언덕 크기만큼 커다란 불타는 바위를 던지면서 우레와 같은 전투를 벌였다.

지축이 흔들렸다. 시뻘겋게 달아올라 녹은 바위가 비탈길을 따라 흘러내렸고 사람들은 혼비백산하여 도망갔다. 이때 두 명의 성인聖人이 불타는 구덩이로 뛰어들어 희생하겠다고 제의했다. 하지만 스켈이 라오를 마자마로 간신히 몰아냈고, 다음날 그 거대한 산은 사라졌다. 남은 것은 폭우로 메워진 커다란 웅덩이뿐이었다. 이렇게 크레이터 호수가 만들어졌다.

어느 쪽의 생성 설화를 선호하든 간에 이 호수의 물을 보고 있으면 영감과 감동을 받고 마음이 정화된다. 성스러운 영혼이라 부르리라. 자연에 내재한 힘을 숭배하는 '지리적 신앙'이라 부르리라. 압도적인 아름다움이 지닌 힘이라고 부르리라.

크레이터 호수의 고귀함은 오래지 않아 드러났다. 1902년 시어도어 루스벨트Theodore Roosevelt 대통령이 크레이터 호수를 미국의 여섯 번째 국립공원으로 지정하는 법안에 서명했다. 이 호수는 미국에서 제일 깊은 호수이자 세계에서 가장 깊고 맑은 호수로 꼽힌다.

물이 드나들 입구나 출구가 없어서 호수의 청명함을 해치는 어떤 퇴적물도 존재하지 않는다. 그렇다고 비어 있다는 뜻은 아니다. 라오의 하급 정령이자 추종자인 가재가 도사리고 있으니 말이다. 엄청나게 긴 팔을 가진 이 거대한 괴물은 방심한 영혼을 분화구 가장자리에서 잡아채어 호수의 깊고 어두운 심연 속으로 끌어들인다….

또한 악당 아닌 캐릭터, '호수의 노인The Old Man of the Lake'도 있다. 하얗게 변색되고 풍화된 독미나리 통나무인데 백 년 넘게 물속에 수직으로 떠 있다. 물에 둥둥 뜬 채 어디에도 속박되지 않은 노인은 바람을 타고 호수 주변을 하루에도 몇 킬로미터씩 돈다.

만약 수영을 하려면 주의해야 한다. 크레이터 호수는 상당히 차가우므로 수영복을 입고 클리트우드 코브 트레일로 내려가기 전 철저한 준비가 필요하다. 둑을 지나면 뛰어내리기에 아주 적당한 돌출된 바위가 바로 보인다. 대부분 마음을 정화하러 들어

갔다가 몇 분밖에 견디지 못하고 나온다. 아메리카 원주민들은 물밑에 살고 있다는 초자연적인 존재를 만나기 위해 밤에 들어가기도 한다.

클리트우드 선착장에서 할 수 있는 또 하나의 옵션은 위저드섬Wizard Island으로 가는 보트를 타는 것이다. 위저드섬은 칼데라호에 떠 있는 대칭형의 작은 섬으로, 고대 화산이 분출될 때 용암과 화산재가 고깔 모양으로 쌓이며 형성된 것이다. 라오의 잘린 머리라는 전설도 있다. 스켈이 라오의 시신을 라오 자녀들에게 먹이려고 잘랐는데, 나중에 라오 자녀들이 아버지의 살을 먹었다는 사실을 알고 흘린 눈물이 호수가 되었다고 한다.

위저드섬 트립은 여름철에만 운영된다. 이 기간에는 보트를 타고 선착장에 내릴 수 있다. 독미나리와 백송 사이에 난 산책로를 따라 섬의 정상까지 올라보자. 포근히 감싸 안아주는 분화구 가장자리를 올려다보고 발밑에서 올라오는 영혼의 힘도 느껴보자.

**장소** 미국 하와이주 하와이섬(일명 빅아일랜드)

**특징** 하늘에 닿을 만큼 압도적인 규모의 휴화산. 창조 설화의 중심지

## 마우나케아

MAUNA KEA

여기는 멀고 외진 산의 정상. 하늘이 손에 닿을 만큼 가까이 느껴진다. 가장 찬란한 뾰루지라 할까, 여드름마냥 먹빛 밤하늘에 불거진 이런 촘촘한 별들은 여태 본 적이 없다. 별자리가 빛나고 은하수가 흐른다. 이따금 머리 위로 뭔가 번쩍하고 휙 지나가기도 한다.

이 모든 별과 우주에 대한 멀고 먼 기억이 문득 과학과 연결된다. 별이란 발광하는 뜨거운 가스 덩어리로, 자체의 중력에 의해 뭉쳐져 수억 년 떨어진 곳에서 타오르고 있다는 것은 잘 알려진 사실이다.

이런 천문학적 지식이 떠오른다고 해서 신비감이 떨어지는

것은 아니다. 하와이 원주민들이 거친 잿더미로 덮인 마우나케아Mauna Kea 산비탈 위에 서서 여기가 바로 신들의 나라라고 충분히 느꼈을 법하다. 바다 위 높은 곳, 머리가 하늘에 맞닿은 이곳은 자신만의 마나(mana, 신성한 힘)를 알아차릴 수 있는 곳이다. 천국과 지상이 연결됨을 느낄 수 있는 곳….

거대한 마우나케아는 약 4,207미터로 하와이제도에서 가장 높은 지점이다. 꼭대기에 내려앉은 겨울 눈 때문에 하와이어로 '하얀 산'을 뜻하는 이름이 붙었다. 그런데 보이는 게 전부가 아니다. 태평양 바닥에서부터 하늘로 치솟은 정상까지 10킬로미터가 넘는다. 에베레스트산보다 더 높으니 지구상에서 가장 높은 산인 셈이다.

마우나케아는 하와이의 빅아일랜드를 구성하는 다섯 개의 유명한 화산 중 하나이다. 지질학 관점에서 보면 불과 백만 년 전에 형성된, 비교적 아기인 셈이다.

격렬한 수중 폭발로 인해 광대한 용암이 해저에서 흘러나왔고, 이들이 쌓이고 쌓이면서 점차 지금의 거대 화산이 형성되었다.

처음 이곳에 도착한 인간은 약 1,500년 전 바다를 누비며 카누를 타고 온 모험심 넘치는 폴리네시아인이었다. 아니나 다를까, 파란색 한가운데에서 어렴풋이 나타나는 이 거대한 봉우리는 그들의 시선을 사로잡았고 창조에 대한 이야기를 무성히 만들어냈다.

여러 신화가 처음부터 기록으로 남겨졌던 것은 아니고 구두로 전해졌다. 그중 한 가지 버전은 쿠물리포(Kumulipo, '깊은 어둠 속에서의 시작'으로 번역됨)로, 하와이 원주민의 창조 이야기를 자세히 설명하는 2,000행 이상의 멜레 올리(mele oli, 성가)인데 역사적으로 매우 중요하다. 고대 사회 구조에 대한 단서가 녹아 있고 주요 섬 족장들의 계보가 정리되어 있기 때문이다. 처음 인쇄된 것은 19세기 후반이다.

한 신화에 따르면 아주 오래전에 하늘의 아버지 와케아Wakea가 아래를 내려다보던 중 땅의 어머니 파파하나우모쿠Papahanaumoku의 아름다움에 반했다고 한다. 그는 바다가 그녀의 몸 주위로 구불구불 흐르는 것을 보았고, 하늘에 있는 그의 별처럼 물속에서 생명체의 빛이 반짝이는 것을 보았다. 그들은 결혼하여 태초의 부모가 되었고, 사랑으로 하와이섬과 산을 포함한 만물을 탄생시켰다. 그리고 구름과 바다 거품으로 레이(lei, 하와이식 화환)를 만들어 장식했다.

빅아일랜드는 그들의 히아포(hiapo, 장남)였고, 마우나케아는 그 아이의 피코(piko, 배꼽)였다. 따라서 하와이 원주민에게 마우나케아는 단순한 화산이 아니라 쿠푸나(kupuna, 조상)이다.

존재의 중심이며 땅과 신을 연결하는 탯줄인 것이다.

마우나케아에는 네 명의 여신이 살고 있다고 한다. 눈의 여신 폴리아후Poli'ahu, 안개의 여신 릴리노에Lilinoe, 지하수의 여신 와이아우Waiau, 샘을 관장하는 카호포카네Ka Houpo o Käne이다.

어느 날 폴리아후가 산의 동쪽 경사면에서 용암 썰매를 타고 있을 때 어떤 낯선 이가 경주하자고 도전해왔다. 폴리아후가 이 불가사의한 존재를 두 번이나 이겼지만 세 번째 경주에서 이 낯선 존재는 폴리아후 앞에 녹아내린 용암을 분출했다. 그러고는 자신이 화산의 여신 펠레Pelle임을 드러냈다. 폴리아후는 마우나케아로 돌진했다. 그러고는 아래에서 끓고 있는 용암에 눈덩이를 던져 용암이 빅아일랜드의 남쪽 지역 이상으로는 영원히 오지 못하게 막았다.

지금도 펠레는 남쪽의 활화산인 킬라우에아Kilauea와 마우나로아Mauna Loa를 지배하고, 북쪽에 있는 휴화산 마우나케아는 폴리아후가 지배한다고 한다.

마우나케아는 다른 하와이 봉우리들처럼 불꽃과 연기를 내뿜지 않지만 위쪽 경사면은 여전히 기묘하고 이질적인 상태로 남아 있다. 실제로 하와이 원주민들은 이 지역을 각별히 여기며 정상 일대를 경건한 마음으로 조심스럽게 대한다.

그들은 세상이 사람의 영역인 와오 카나카Wao Kanaka와 신과 영혼의 영역인 와오 아쿠아Wao Akua로 나뉘어 있다고 본다. 마우나케아의 정상은 와오 아쿠아로 특정 목적 또는 사전계획이 있지 않고는 사람이 들어갈 수 없다.

화산은 사람이 아닌 아쿠아(신)가 만든 예배당으로 하늘의 법칙에 따라 통치된다. 척박한 고산 툰드라, 검은 현무암, 화산재 사막의 풍경을 갖는, 그리고 종종 살을 에는 바람까지 부는 분명 초자연적인 곳이다.

마우나케아에는 또한 특유의 와히 파나(wahi pana, 신성한 장소)가 산재해 있다. '와히wahi'는 '장소'를 의미하고 '파나pana'는 '맥박'을 의미한다. 그러므로 문자 그대로 맥박이 뛰는 장소, 즉 생활공간을 말한다.

헤이아우(heiau, 사원), 레레(lele, 제단) 및 묘지는 하와이 원주민들이 외부인들에게 존중을 요청하는 지점이므로 마우나케아의 진정한 정상이라 할 수 있는 원추형 분화구에서는 하이킹을 하지 않는 것이 좋다.

영성의 성격이 덜한 곳으로 마우나케아의 소위 '골프공'이라는 천문대가 있는데, 마치 스카이라인에 흰색 점을 찍은 것처럼 보인다. 이곳에서는 높은 전망과 건조하고 맑은 하늘을 최대한 활용하여 우주를 연구하고 있다. 전 세계에서 별을 관찰하기에 이만한 곳도 없다.

천문 관측소가 높은 고도에 위치하여 좋다고 생각하는 사람도 있지만 반대인 사람도 있다. 어느 쪽이든 이 산이 인간과 하늘 사이를 연결해주고 있다는 사실만은 분명하다.

**장소** 미국 와이오밍주 블랙힐스

**특징** 광활한 초원에 우뚝 솟은 거대한 화성암. 아메리카 원주민에게 신성시됨

## 데빌스 타워
DEVILS TOWER

끝없이 출렁이는 초원과 폰데로사 소나무의 짙푸른 잎사귀들 사이에 뜬금없이 나타난 것이 있다. 진기한 거상巨像, 뚜렷한 목적도 전조도 없이, 대초원에 솟아 있다. 과학, 공상과학 및 영성이 융합된 장소를 차지하고 있는 데빌스 타워Devils Tower는 모든 면에서 기이함 그 자체이다. 지질학자들에게도 이 난데없는 화성암이 정확히 어떻게 형성되었는지 연구대상이다. UFO 팬들은 외계 우주선과 교신하는 신호탑이라고 확신한다(이렇게 올려다보고 있자니 터무니없는 말도 아닌 듯…).

하지만 데빌스 타워에 가장 큰 관심을 보인 건 대평원의 황야를 오랫동안 누비고 다닌 사람들이다. 이 단일 암석은 그들이

조상과 문화 그리고 자연 세계와 영원히 연결되는 신성한 장소이다….

와이오밍주 블랙 힐스Black Hills 근처에 386미터 높이로 돌출된 데빌스 타워는 놀라운 광경을 연출한다. 가까이서 보면 한 덩어리라기보다는 수백 개의 육각기둥이 거대한 다발로 단단히 묶여 있는 모양새다.

지질학자들 간에 세부적인 논쟁이 있지만(오래전에 사라진 화산의 잔해인가, 돌출된 화산암의 파편인가 하는), 5천 5백만 년 전에 녹은 마그마 덩어리가 지각으로 스며들면서 처음 형성되었다는 것에는 의견이 일치한다. 이후 영겁의 세월 동안 침식 작용이 일어나 갈라진 중심부가 풀잎이 나부끼는 드넓은 대초원에 홀로 노출되었다.

과학자들의 이론과 다른 이야기도 있다. 라코타Lakota, 아라파호Arapaho, 샤이엔Cheyenne, 쇼쇼니Shoshone, 크로Crow 족을 포함한 대평원 지역의 많은 부족들은 데빌스 타워에 대해 서로 다른 창조 신화를 가지고 있다.

먼저 숲에서 놀던 일곱 명의 어린 소녀들이 큰 곰과 마주쳤을 때의 이야기이다. 소녀들이 필사적으로 나무를 향해 도망쳤지만 곰은 계속 쫓아와 그들을 잡기 시작했다. 겁에 질린 소녀들은 작고 반반한 바위로 뛰어올라 절박하게 기도했다. "바위

님, 우리를 불쌍히 여기고 구해주세요." 위대한 정령이 재빨리 응답했다. 바위가 부풀어 오르더니 점점 높이 솟구치며 소녀들을 하늘로 실어 나르기 시작했다.

성난 곰은 솟아오르는 바위기둥에 뛰어올라 옆면에 깊은 발톱 자국을 내며 따라오려고 했다. 하지만 잡을 수 없었다. 바위기둥은 소녀들이 하늘의 안전한 곳에 도달할 때까지 계속 커졌고, 그곳에서 소녀들은 플레이아데스Pleiades 별자리의 일곱 별이 되었다. 라코타족은 이곳을 데빌스 타워가 아닌 베어 로지Bear Lodge라고 부른다.

실제로 라코타족은 이 장소와 매우 밀접한 연관을 맺고 있다. 블랙 힐스는 그들에게 창조가 일어난 본거지이고, 사람들은 금식, 기도, 봉헌, 의식 수행을 위해 베어 로지를 찾는다. 주술사는 정화의식을 치르고, 개개인은 영적 인도를 구하기 위해 비전 퀘스트를 수행한다.

라코타 전설 중에는 베어 로지의 기슭에서 비전 퀘스트를 시작한 한 전사의 이야기가 있다. 그는 내려올 방법을 알지 못한 채 별안간 꼭대기에 올라가 있었다. 그래서 위대한 정령에게 기도하다 어느새 잠이 들었다. 잠에서 깨었더니 무사히 땅으로 돌아와 있었다.

이뿐만이 아니다. 라코타족은 부족 사람들이 가장 신성한 물

건으로 여기는 흰 버펄로 송아지 파이프를 베어 로지에서 받았다고 한다. 이 파이프는 바위기둥 북쪽 측면의 으슥한 동굴에 대대로 보관되어 있다.

많은 부족들이 여전히 데빌스 타워 주변의 땅에서 의식을 수행한다. 타워 밑자락에 있는 소나무 사이를 걷다 보면 나뭇가지에 묶어놓은 밝은색 천 조각들이 눈에 띈다. 자연 고유의 색을 나타내는 이 기도 공물은 장소와의 연결성을 상징한다.

데빌스 타워는 1906년에 미국 최초의 국립기념물이 되었고 국립공원 안에 위치한다. 이곳에는 노란 꽃이 피는 비스킷루트, 화이트 퍼시토부터 블루 벨, 퍼플 머스타드, 스칼렛 글로브 멜로우, 크레이지 위드까지 야생화가 군락을 이룬다.

그래도 가장 인상적인 색은 해 질 녘 저물어가는 태양 빛이 바위기둥을 물들이는 강렬한 붉은색이다. 외계인이 정말 착륙한 것 같다.

**장소** 캐나다 브리티시컬럼비아(British Columbia) 하이다 과이(Haida Gwaii)

**특징** 퍼스트 네이션(First Nation)이 세운 토템폴이 자연으로 돌아가는, 마법이 깃든 만

## 스구앵 과이
S'GANG GWAAY

눈을 감고 귀 기울여보라. 바람에 나뭇잎이 흔들리고, 나뭇가지가 달각거리고, 맑고 투명한 물이 조약돌을 간질인다. 어디에서도 울음소리는 들리지 않는다. 하이다Haida족 언어로 '흐느끼는 섬'을 의미하는 스구앵 과이S'Gang Gwaay에서는 조류가 바위 구멍으로 공기를 밀어 넣으면서 여인의 울음 같은 소리를 낸다고 한다.

그런데 잠깐, 현재 흐느끼는 소리는 나지 않고, 나무에 낀 이끼만큼 두텁게 내려앉은 슬픔과 영성 속에 침묵만 흐를 뿐이다.

숲이 우거진 만에 모여 있는 마을은 인적이 끊긴 지 오래라서 유령만 가득할 것 같다. 썩어가는 폐허 위로 풀이 무성하고

풍화된 토템폴(Totem Pole, 북아메리카 대륙의 북서 해안에 사는 원주민들이 세운 기둥 모양의 나무 조형물–역주)이 땅으로 쓰러져가지만, 이 땅과 한때 이곳을 고향이라고 불렀던 사람들 사이의 유대감은 변함없이 남아 있다….

하이다 과이Haida Gwaii는 브리티시컬럼비아주 본토에서부터 헤케이트Hecate 해협을 가로지르는 150개의 특이한 섬으로 이루어진 군도이다. 수천 년 동안 인간이 거주해온 곳으로, 북미 캐나다 원주민인 하이다족이 8,000년 전에 처음 정착한 것으로 추정된다.

그들의 생활 방식은 섬 고유의 험준한 지형, 야생 생물이 많은 숲, 그리고 풍요로운 바다의 영향을 받으며 형성되었다. 식량과 약용식물을 채집했고, 필요한 만큼의 물고기를 잡았고, 적당한 나무를 쓰러뜨려 카누와 쉼터를 짓고 예술 작품을 만들었다.

그러면서도 이런 귀중한 천연자원을 잘 돌보아야 생존할 수 있음을 이해했다. 자신들의 역할이 토지 소유자가 아니라 토지 관리인이라는 것을 파악하고 자연과 조화를 이루며 살았다. 이러한 철학 또는 세계관을 야쿠당(Yah'guudang, 살아 있는 만물에 대한 존중)이라 불렀다.

야쿠당 세계관에서는 하이다족과 그들의 영혼이 자연과 불

가분의 관계에 있음을 축원하고 후세를 위해 환경을 보호해야 할 책임이 있음을 인식했다.

하이다족 인구는 전성기에 1만 4,000명이 넘었지만 18세기 후반 유럽인들이 유입되면서 급감했다. 1915년까지 588명만이 남았다.

군도의 남서쪽 끝에 있는 스구앵 과이는 대표적인 비극적 사례로 1880년대에 천연두가 창궐한 이후 버려졌다. 이곳을 방문하면 애잔한 마음이 드는 이유이다.

오래된 가옥들이 이끼에 덮여 썩어가는 것과 잿빛 토템폴이 여러 단계에 걸쳐 부패하고 있는 것을 보고 있으면 하이다족이 땅에 대해 가졌던 유대감, 퍼스트 네이션 원주민들의 광범위한 분투가 엿보인다.

스구앵 과이는 19세기 중반 마을에서 가장 권력이 강했던 족장의 이름을 따서 닌스틴츠Ninstints라고도 불린다. 문화적 중요성과 정교한 토템의 우수성을 인정받아 유네스코 세계유산으로도 등재되어 있다.

문자 언어가 없는 상황에서 하이다족은 신성한 기둥과 상징적 디자인으로 조상의 권리와 사회적 지위부터 초자연적인 동물과 새를 특징으로 하는 신화에 이르는 모든 것을 되새길 수 있었다.

이들은 또 거대한 삼나무를 깎아 만든 토템폴에 하이다 계급의 핵심인 가문 문양을 새기기도 했다.

전통적으로 하이다족은 다음 두 부족(그룹)으로 분류되었다. 하나는 까마귀(Raven). 최초의 인간을 조개껍데기에서 풀어준 장난꾸러기 신이다. 다른 하나는 독수리(Eagle). 충성심, 힘, 그리고 용기를 지닌 영적 안내자이다.

이 두 부족은 여러 가문으로 세분화되며 각각 고유한 문양을 가지고 있다. 범고래Killer Whale와 비버Beaver에서 돔발상어Dogfish와 뿔올빼미Horned Owl에 이르기까지 자연계를 포괄하는 70여 개의 문양이 있다.

각 가문은 고유한 신화 체계, 춤과 노래, 그리고 낚시터와 새 산란지 및 사냥터와 같은 자원에 대한 권한을 가지고 있었다. 까마귀 가문은 독수리 가문과 결혼해야 했고 모계 혈통이 이어졌다.

스구앵 과이에 남아 있는 토템폴은 대부분 묘지에 세운 기둥으로, 공동체에서 가장 중요한 인물의 성대한 장례식을 치르면서 세웠던 것이다.

그리고 고인의 사망 1년 후에는 고인의 재가 담긴 상자를 꼭대기 구멍에 넣어두었다.

포틀래치potlatch, 즉 선물을 주는 잔치를 열 때도 토템폴을 세웠다. 포틀래치는 '나누어주다'를 의미하는 누트카 인디언 Nootka Indian 언어에서 파생된 단어로, 포틀래치에서 선물로 재산을 나눠주거나 심지어 파괴하는 모습을 보여주었다. 이로써 부와 관대함을 뽐내고 지역 사회에서 유대관계를 구축하며 지위를 높였다.

토템폴이 영원히 지속되도록 설계된 것은 아니다. 그런데 이게 바로 하이다족이 바라던 바다. 논란도 있었지만 1950년대에 일부 토템폴은 박물관으로 옮겨졌다. 남아 있는 것들은 자연의 이치에 따라 이끼와 살랄나무에 덮여 서서히 땅으로 되돌아가고 있다.

스구앵 과이에는 배로만 접근할 수 있다. 하이다 과이 야생 그대로의 깨끗한 해안을 따라 진행되는 투어가 있는데, 대머리 독수리가 머리 위로 급강하하고 바다사자와 고래가 가득한 바다의 물살을 가르며 나아간다.

도착 후 배에서 내린 승객들은 현장을 지키는 하이다 파수꾼들과 만나게 된다. 퍼스트 네이션 가이드와 함께 울창하고 푸른 오래된 숲을 지나 작고 조용한 만까지 걷는다. 도중에 풍경에 얽힌 고대 노래와 이야기도 듣는다. 한 번에 12명 이상의 방문객은 허용되지 않으므로 이만큼 서로 친밀해지는 문화 탐방도 없을 것이다.

덧붙이자면 산 자가 없는 상태에서 죽은 자의 존재는 훨씬 더 잘 느껴진다.

**장소** 멕시코 멕시코 밸리(Valle de Mexico)

**특징** 메소아메리카(Mesoamerica) 문명의 기원으로 추정되는 신비에 싸인 고대 도시

## 테오티우아칸
TEOTIHUACÁN

테오티우아칸, 신들의 탄생지. 아즈텍족이 멕시코 밸리에 오랫동안 방치된 신비한 도시를 발견하고서 붙인 이름이다. 거창하게 들리지만, 테오티우아칸의 범상치 않은 규모에 빠져들다 보면 완전히 생뚱맞게 지은 이름은 아니라는 생각이 든다.

달의 피라미드 꼭대기에 오른다. 왼편으로 거대한 태양의 피라미드가 보이고 정면으로는 쭉 뻗은 '죽은 자의 길'이 뙤약볕의 아지랑이에 아른거린다. 경외심이 든다. 높은 곳에 서니 도시의 큰 규모 때문에 길게 줄지어 올라오는 관광객들이 상대적으로 작은 개미 같아 보인다.

그런데 지금 시야에 들어오는 것도 원래 부지의 일부일 뿐이

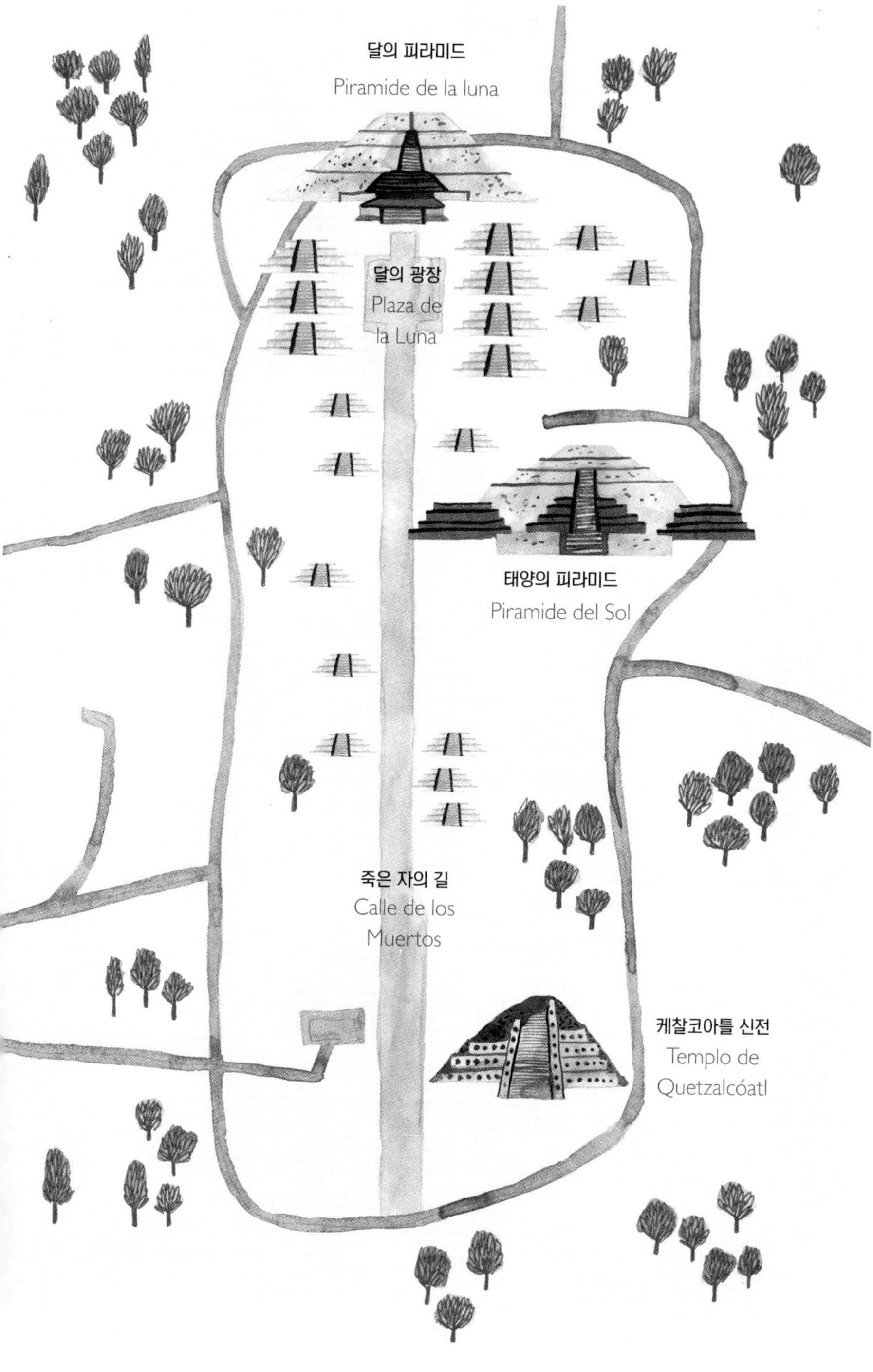
달의 피라미드
Piramide de la luna
달의 광장
Plaza de
la Luna
태양의 피라미드
Piramide del Sol
죽은 자의 길
Calle de los
Muertos
케찰코아틀 신전
Templo de
Quetzalcóatl

다. 도로, 광장 및 사원을 기하학적으로 아주 정밀하게 배치한 고대 도시계획에 찬사가 나온다. 아울러 테오티우아칸이 신을 얼마나 갈망하는 곳이었는지 공감이 간다.

멕시코시티에서 북동쪽으로 50킬로미터 떨어진 곳에 위치한 테오티우아칸은 고고학적으로 탁월한 유적지이다. 그러나 무엇보다 놀라운 것은 아직도 수수께끼투성이라는 점이다. 누가 정확히 언제, 왜 지었는지 여전히 미스터리로 남아 있다.

기원전 100년경(훨씬 이전일 수도 있음) 정착촌이 생겼고 서기 1세기부터 건축 공사가 활발하게 진행된 것으로 추정된다. 이후 450년경 전성기를 맞이하며 인구 8만 명(20만 명 이상이라는 의견도 있음)에 달하는 메소아메리카 최대의 도시가 되었다.

그러나 불과 한 세기 만에 쇠락하기 시작하여 많은 건물이 약탈당하고 불에 탔다. 일부 역사학자들은 외부 침략을 원인으로 본다. 굶주린 백성들이 지배층에 반란을 일으킨 내부 봉기가 원인이라고 보는 학자들도 있다.

어느 쪽이든 도시는 멸망했고, 웅장한 건물들은 골조만 남았으며, 도시의 정체성은 시간 노인(Father Time, 시간을 의인화한 가상의 인물-역주)에게 빼앗겼다.

허물어진 상태에도 불구하고 테오티우아칸은 다음 문명에 강력한 영향력을 행사했다. 전성기로부터 천 년이 지난 후에 도착한 아즈텍족에게 이곳은 문명 기원의 성지로 보였다.

전설에 따르면 늙은 불의 신 우에우에테오틀Huehuetéotl이 태양이 뜨길 기원하는 화톳불을 지피자 두 명의 신이 주저 없이 그 불로 뛰어들어 '다섯 번째 태양'을 탄생시켰고 그 덕에 현시대가 시작되었다고 한다. 아즈텍족은 테오티우아칸의 도상학을 많이 참고하여 도시를 지었고, 아스테카 왕국의 몬테수마(Montezuma, 또는 목테수마Moctzezuma)는 통치 기간 중 이곳에 여러 차례 순례를 왔다.

테오티우아칸은 더 큰 힘에 의해, 아니면 적어도 우주와 통했던 문명에 의해 설계된 것으로 보인다. 건물들은 진북眞北에서 북동쪽 시계 방향으로 15.5도와 16.5도 기울어지게 배열되어 신성한 태양력과 일치한다.

'태양의 피라미드Piramide del sol'는 도시의 중심이다. 서기 200년경에 완공되었고 세계에서 세 번째로 큰 피라미드이다. 215제곱미터에 달하는 밑면은 이집트의 쿠푸Khufu(=케오프스)왕 피라미드와 거의 같다.

하지만 테오티우아칸 피라미드는 계단식 측면의 높이가 65m미터'밖에' 안 되기 때문에 쿠푸왕의 피라미드보다 확연히 낮다. 흙과 어도비 벽돌(adobe brick, 흙과 짚을 섞은 반죽을 틀에서 성형한 뒤 불에 굽지 않고 햇볕에 말린 벽돌-역주)로 지었고 측면에

부드러운 회반죽을 발라 생생한 벽화를 그렸다.

피라미드의 중심 바로 아래에는 용도가 알려지지 않은 네잎 클로버 모양의 동굴이 있다. 왕가의 무덤, 성역 또는 인류의 신성한 자궁으로 여겼을 가능성이 있고 그게 바로 이 거대한 건축물의 목적일지 모른다.

'달의 피라미드Piramide de la luna'의 경우 규모는 작지만 태양의 피라미드 못지않게 인상적이다. 뒤에 희미하게 보이는 세로 고르도Cerro Gordo산의 윤곽을 본떠 만들었다. 테오티우아칸의 가장 높은 지대에 위치하여 그 위상이 더욱 높아 보인다.

발굴 당시 사람의 해골, 옥과 흑요석으로 만든 제물, 퓨마와 늑대를 비롯한 제수 동물의 뼈가 나왔다. 최근 고고학적으로 매우 중요한 발견이 있었는데 피라미드와 달의 광장을 땅 깊숙이 잇는 비밀통로이다.

'달의 광장Plaza de la Luna'은 12개의 작은 계단식 피라미드로 둘러싸여 있고 제물을 바치는 의식에 최대 10만 명을 수용할 정도로 크다.

'죽은 자의 길Calle de los Muertos'은 이 부지를 남북으로 나누고 주요 신전을 연결한다. 약 4킬로미터이며, 아즈텍족이 길가에 늘어선 봉분과 축조물을 무덤이라고 생각하여 붙인 이름이다. 고고학자들은 무덤보다는 신전의 제단과 궁이었을 것으로 본다.

테오티우아칸에서 가장 인상적인 곳을 꼽으라면 시우다델라 Ciudadela이다. 넓은 함몰 광장에 깃털 달린 뱀 신전(=케찰코아틀 신전, Templo de Quetzalcóatl)이 있는 왕실 주거단지이다.

신전 옆면은 계단식이고 뱀이 조각되어 있다. 아즈텍족이 케찰코아틀이라고 이름 붙인 깃털 달린 뱀은 고대 멕시코의 주요 신이었으며 테오티우아칸에서 처음 등장한 것으로 추정된다. 이 신전을 짓고 봉헌하는 동안 200명이 넘는 사람들이 희생되었다. 특정 지점에 몇 명씩 함께 매장되었는데, 이유는 알 수 없다.

신, 희생제물, 전사가 묘사된 테오티우아칸의 벽화로 보아 주민들은 용맹한 전사였음을 알 수 있다. 전쟁에서 그들의 목표는 영토 획득이 아니라 멸망을 막기 위한 의례의 제물로 희생시킬 포로를 잡는 것이었다. 이 놀라운 도시가 결국 몰락했다는 점을 감안하면 테오티우아칸의 인신 공희는 그다지 도움이 되지 않았던 것 같다.

**장소** 아이티(Haiti) 히스파니올라섬

**특징** 성모 마리아와 부두 정령으로부터 응답받고자 몸을 씻는 정글 폭포

## 소도

SAUT-D'EAU

폭포가 세차게 쏟아진다. 사방에 사람들이 꽉 들어찼다. 사람들은 반질반질한 바위 위를 기어오르기도 하고, 덩굴이 드리워진 웅덩이에 서 있기도 한다. 늘어진 나뭇가지에 천 조각을 묶는 사람도 있다. 얕은 물줄기에 몸을 기울여 맨몸으로 물살을 맞는 순례자가 있는가 하면 비누와 찢어진 잎사귀로 피부를 문지르며 격렬하게 씻는 순례자도 있다.

어떤 여인은 접신한 것처럼 눈이 뒤집힌 채 경련을 일으키며 울부짖는다. 그치지 않는 북과 나팔 소리, 그리고 몽환적인 노랫소리가 콸콸 쏟아지는 폭포 소리에 섞인다. 밑동만 남은 양초는 둥근 바위 위에 촛농을 떨구고 사람들은 럼주가 든 병을 돌

려가며 들이킨다. 모두가 취한 것 같다. 독한 술 때문인지 아니면 비에르주의 기적(Miracle de la Vierge, 기적의 성모)의 은총인지 누가 알리요? 부두교의 신이기도 한 가톨릭 성녀는 이 폭포에서 강한 위엄을 가진 존재이다. 여기에서 몸을 씻는 모든 이들은 여신으로부터 특별한 축복을 받길 희망한다….

아이티는 독자적인 북소리에 맞춰 리듬을 타는 나라이다. 히스파니올라Hispaniola섬의 서쪽을 차지하는(동쪽은 도미니카공화국임) 아이티는 혁명에 성공하여 프랑스로부터 독립한 후 1804년 세계 최초의 흑인 공화국이 되었다.

그러나 이 역사적인 독립은 수 세기 동안의 식민 통치 이후에 이루어졌으며, 그동안 서아프리카에서 카리브해로 끌려온 노예들은 강제로 가톨릭으로 개종해야 했다. 신격화된 조상들의 영혼을 숭배했던 이전의 관행은 금지되었고 점차 음지로 숨어들거나 기독교와 통합되었다.

아프리카 토속 신령이 가톨릭 성인으로 위장되어 계속 숭배되었다. 또한 전례의 일부는 대서양을 건너오다 소실된 구대륙의 기도문을 대체하는 용도로 쓰였다. 카리브해 원주민인 아라와크Arawak족의 전통이 일부 흡수되기도 했다. 그 결과 신성한 뷔페 같은 아이티식 부두교가 탄생했다. 절충되고 혼합되었으며 독특하다.

봉디예Bondye는 가톨릭의 영향을 받은 부두교에서 믿는 유일 신으로 최고의 창조신이다. 프랑스어 봉디외(le bon dieu, 선한 신)에서 이름을 따온 이 신은 보편적 질서와 인류의 운명을 담당한다. 그러나 인간과 직접 교류하기에는 너무 전지전능하고 먼 존재이기 때문에 부두교 신자(vodouisant, 부두 수행자)들은 로아Lwa를 통해 봉디예에게 기도한다. 로아는 신과 인간 사이에서 중개자 역할을 하며 신의 뜻을 사람들에게 전달한다.

로아에는 세 가문이 있다. 라다Rada 로아는 서아프리카의 종교에 기원을 두고 대부분 자애롭고 창조적인 힘을 가지고 있으며 상징색은 흰색이다. 페트로Petro 로아는 신대륙과 노예제도에 뿌리를 둔 젊은 신령이다. 보다 거칠고 분노에 차 있으며 어두운 예술과 연관이 많고 상징색은 붉은색이다. 게데Ghede 로아는 죽음과 성을 표방하며 상징색은 검은색이다. 죽은 사람의 영혼을 운반하는 책임이 있지만 음탕하고 불경하며 외설적인 농담을 퍼뜨리는 것으로 유명하다.

매년 7월 소도에서 열리는 축제는 아이티의 영적 선택이 어떤 방식으로 조합됐는지를 전형적으로 보여준다.

정글 안에 있는 우레 같은 폭포는 1849년 한 여성의 환영이 어떤 나무 옆에 나타난 이후 신성시되었다. 아름다운 환영이 사라지자 그녀의 모습이 종려나무 잎에 각인된 채 남아 있었다고

한다. 나뭇잎이 떨어지자 환영은 다른 나뭇잎에 다시 나타났다. 사람들은 이 초자연적인 현상을 보기 위해 찾아와 봉헌하고 기도했다.

그러나 가톨릭 사제들은 미신으로 간주하여 인정하지 않았고, 한 사제가 나무를 베어버렸다. 그날 늦게 사제는 불가사의한 정황으로 죽었다고 한다. 사람들이 두 번째 나무로 관심을 옮기자 다른 사제가 베어 넘어뜨렸다. 그 사제 역시 머지않아 죽음을 맞이했다. 결국 근처 빌 보뇌르Ville Bonheur 마을에 교회가 설립되었고, 이 교회는 기적의 장소라는 명성을 얻게 되었다. 지금은 수천 명의 순례자가 매년 폭포를 찾아와 감사를 표하거나 더 나은 복을 기원한다.

19세기에 환영으로 나타난 여신은 가르멜Carmel산의 성모 마리아로, 성모 축일인 7월 16일에 축제가 절정을 이룬다. 이 가톨릭의 아이콘에 대응하여 부두교에는 에르줄리 단토Erzulie Dantor가 있다.

에르줄리는 모성의 로아로서 강인하고 검은 피부의 여전사이자 아이들의 최고 보호자이다. 19세기 초 혁명에 참전했던 폴란드 군인들이 아이티로 가져온 그림에 있는 쳉스토호바Częstochowa의 검은 성모 마리아로 묘사되기도 한다. 부두교의 일부 분파에서는 에르줄리를 한쪽 볼에 흉터가 있고, 한 손에는 아기를 안고 다른 한 손에는 칼을 든 풍만한 여성으로 묘사한다. 그녀는 또한 강, 호수 및 폭포의 여신으로 자궁의 질병을 완화시키는 능력이 있다고 알려져 있다. 따라서 많은 여성들이 불임이 낫길 바라는 마음으로 소도에 와서 속옷을 제물로 바친다.

축제는 빌 보뇌르에서 교회 의식으로 시작된다. 폭포를 향한 힘찬 행진을 시작하기 전에 라라(Rara, 반복적이고 리드미컬한 소리를 연주하는 아이티 음악 형식-역주) 음악가들이 행진 반주곡으로 아이티 고유의 음악을 연주한다. 주요 악기는 박센(vaksen, 대나무 나팔), 북, 마라카스 및 귀로(güiro, 긁어서 소리 내는 악기)이다. 노래는 크레올어로 부른다.

소도에 도착하면 순례자들은 겉옷을 벗고 다양한 의식을 수행한다. 일반적으로 빨강/분홍 또는 파랑(에르줄리가 선호하는 색상) 천 조각을 허리에 두른 다음 폭포 옆 나뭇가지에 묶어 액운을 막는다. 그런 다음 목욕을 하고 춤을 추며 럼주와 코코넛 주스를 마신다. 촛불을 켜고 의식용 조롱박으로 머리 위에 물을 붓는다. 많은 이들이 에르줄리의 영혼에 사로잡힌 채 궁극의 축복을 받길 희망하고 있다.

**장소** 페루 동부와 볼리비아 서부
**특징** 산속 고지대 천상의 호수. 잉카인의 삶이 시작된 곳

## 티티카카 호수
LAGO TITICACA/
LAKE TITICACA

태양 볕이 맹렬히 쏟아지는 수면 위에 선선한 산들바람이 잔물결을 일으킨다. 이렇게 청아한 푸른빛을 본 적 있는가. 청록색 하늘과 맞닿은 푸른 호수, 영롱한 사파이어 빛깔에 눈이 시리다. 몇 마리의 작은 새들이 자라다 만 나무 사이를 날쌔게 오가며 짹짹거린다. 밝은 모직 모자를 쓴 남자가 젓는 토르토라 갈대 배가 한가로이 지나간다. 풀이 무성한 산비탈과 계단식 밭이 호숫가까지 내려오고, 저 멀리 보이는 거대한 산은 하늘 높이 입맞춤한다.

숨이 차오른다. 고도가 높아 산소가 부족해서인지, 아니면 놀라운 광경에 숨이 턱 막히는 건지 알 수가 없다. 어쩌면 창조

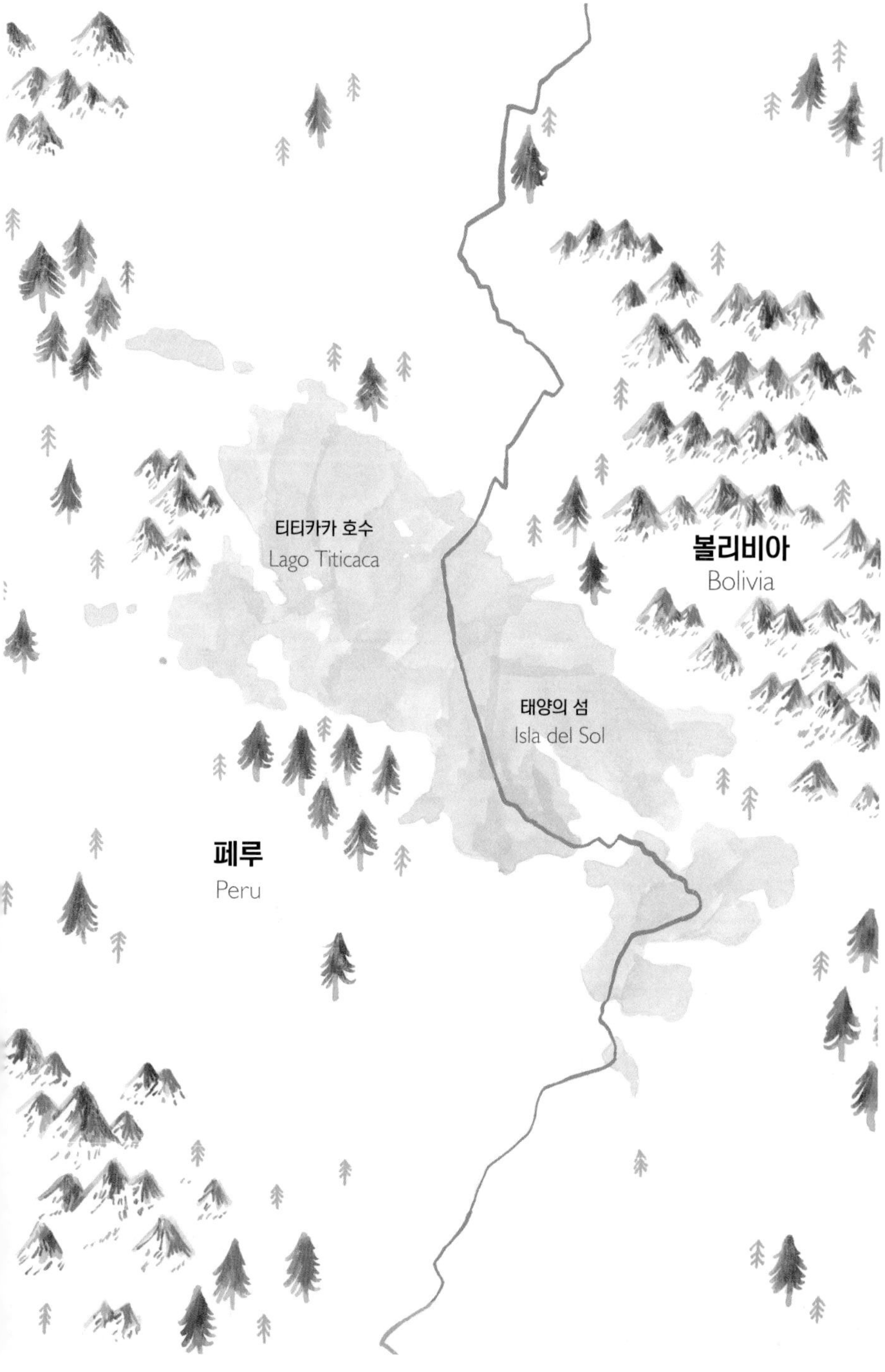
티티카카 호수
Lago Titicaca
볼리비아
Bolivia
태양의 섬
Isla del Sol
페루
Peru

가 일어나는 바로 그 가마솥을 내려다보고 있기 때문일 수도….

볼리비아와 페루의 국경에 위치한 해발고도 3,800미터의 티티카카 호수는 눈 덮인 안데스Andes산맥과 바람이 거센 알티플라노Altiplano고원 사이에서 반짝인다. 길이 190킬로미터, 너비 80킬로미터에 최대 수심 280미터로 남아메리카에서 가장 큰 호수이다. 하지만 거창하게 나열된 숫자 그 이상의 의미가 있는 곳이다. 콜럼버스 이전 시대를 살았던 민족에게 티티카카는 인류의 요람이었다.

잉카 제국을 예로 들어보자. 잉카 제국은 서기 1200년경 이곳에 출현하여 빠르게 발전하고 대륙의 많은 지역을 지배했다. 잉카의 주요 신 중에 비라코차Viracocha라는 창조의 신이 있었다. 잉카 전설에 따르면 모든 것이 텅 빈 공허였을 때 비라코차가 티티카카 호수에서 떠올라 땅과 하늘을 만들었고 동물도 만들었다. 그다음 돌에 생명을 불어넣어 바위거인족을 만들었다.

그러나 비라코차가 빛을 만드는 데 실패하는 바람에 거인들은 컴컴한 어둠 속에서 살아야 했다. 그들은 비라코차를 괴롭히기 시작했고 결국 비라코차는 대홍수를 일으켜 모두 쓸어버렸다.

그 뒤 다시 창조를 시작했는데, 이번에는 진흙으로 새로운 인류를 만들었다. 그리고 그들에게 언어, 노래, 의복, 농업 등을

선물로 주었다. 또한 동물과 식물도 새롭게 만들었다.

그는 티티카카 호수에 점점이 떠 있는 섬에서 세상을 비춰줄 천체를 만들었다. 태양의 섬Isla del Sol에서 태양을 만들었고, 달의 섬Isla de la Luna에서 달을 만들었으며, 아만타니섬Isla Amantaní에서 별을 만들었다. 창조가 끝나자 비라코차는 자신의 지식을 널리 전파하기 위해 거지 복장을 하고 길을 떠났다.

티티카카 호수는 잉카 창조 신화의 일부일 뿐 아니라 문명 탄생의 중심지이기도 했다. 잉카의 초대 국왕인 망코 카팍Manco Cápac은 태양신 인티Inti가 호수 깊은 곳에서 길렀다고 한다. 한편 태양의 섬에 있는 바위에서 나왔다는 이야기도 있다.

이 영향으로 볼리비아 쪽 티티카카 호수의 태양의 섬은 대단히 중요한 종교 중심지가 되었다. 잉카 제국 전역에서 수천 명의 순례자가 사원을 방문하기 위해 모여들었다. 이 섬은 사원도 많았지만 옥수수 경작이 잘 되기로 유명했다. 순례자들은 태양의 섬에서 난 곡물을 고향으로 가져가 창고에 저장해두면 영원한 풍년을 보장받을 것이라고 믿었다.

스페인의 침략을 받은 이후 약탈이 일어나고 많은 사원들이 파괴되었다. 그런데도 이곳은 여전히 평화와 영성이 흐르는 장소로 남아 있다. 동력 교통수단은 없고, 작은 마을과 갈아놓은 농지, 잉카 유적지 사이를 연결하는 돌밭 길만 있다.

현재 남아 있는 가장 신성한 유적지는 폐허 상태인 티티칼라 Titikala—퓨마의 바위다. 호수의 이름을 따서 지은 이 분홍색 사암은 비라코차가 태양을 만든 곳이기도 하다. 잉카 시대에는 황금, 깃털, 조개껍데기와 같은 제물이 이곳에 보관되었고, 동물의 새끼와 인간의 아이 모두 제물로 바쳐졌다. 정교한 의식이 거행된 것이다.

과거 일반 순례자들은 내부 성소에 들어갈 수 없었다. 안데스산맥을 넘어 힘들게 왔더라도 성소로 가는 유일한 관문인 인티푼쿠(Intipunku, 태양의 문)에서만 티티칼라를 볼 수 있었다. 하지만 이제는 누구나 이 신성한 바위까지 걸어 올라갈 수 있고 세상에 처음 빛을 비춘 곳에 손을 얹을 수 있다.

**장소** 칠레령 남태평양 폴리네시아
**특징** 거대 인면 석상이 즐비한 외딴 화산섬

## 이스터섬

ISLA DE PASCUA/
EASTER ISLAND

천체가 무자비하게 충돌하고 난 후의 잔해 같다. 오랫동안 휴화산 상태인 분화구의 풀밭 경사면에 수백 개의 거대한 인면人面 석상들이 불가사의한 표정으로 하늘을 응시하고 있다. 사방에 널린 이들은 모아이Moai이다. 똑바로 서 있는 것도 있지만 어정쩡한 각도로 기울어진 것도 있고, 넘어져 엎어져 있거나 다시 땅으로 돌아가는 중인 것도 있다. 위대한 전사들로 구성된, 하지만 패배하여 죽음을 맞이하는 군대 같다. 혹은 신들이 묻힌 묘지 같기도 하다.

이 중 한 거인에게 다가가 본다. 거대한 매부리코와 두둑한 이마, 그리고 마치 무언가 말을 하는 듯한… 표정에 몸이 얼어

붙는다. 가만, 뭐라고… 정확히 뭐라고 하는 걸까? 알아듣기 어렵다. 세상 끄트머리에 사는 소수의 집단이 왜 이렇게 거대한 것들을 조각하는 수고를 했는지 이해하기 어려운 것처럼 말이다. 그들이 이루려는 목적은 무엇이었을까? 혹시 어떤 신을 달래야 했던 것일까? 그렇다면 도대체 무엇이 그렇게 잘못되었던 것일까?

남아메리카 본토에서 약 3,700킬로미터 떨어진 태평양에서 표류하고 있는 이스터섬Easter Island은 지구상에서 무척 외딴곳 중 하나이다. 그만큼 대단히 신비로운 곳이다. 세 개의 사화산으로 구성된 이 작고 험준한 바위섬에 처음 도착한 사람은 서기 400년에서 800년 사이의 어느 시점에 이중선체 카누를 타고 온 용맹한 폴리네시아인들로 추정된다.

이 섬에 내려오는 전설에 따르면 최초의 정착민은 히바Hiva라는 신화 속 동쪽 지방에서 왔다고 한다. 왕실의 타투이스트인 하우마카Haumaka가 어느 날 꿈을 꾸었다. 자신의 영혼이 호투마투아Hotu Matua왕에게 선사할 새로운 영토를 찾기 위해 먼 섬으로 모험을 떠난 것이었다. 그는 이곳을 테피토오 테헤누아(Te Pito o Te Henua, 세계의 배꼽)라고 불렀다.

하우마카가 왕에게 고하자 수색대가 파견되었다. 수색대가 성공적으로 새 영토를 찾은 덕분에 왕은 카누에 바나나 싹, 토란 모종, 돼지와 닭을 싣고 왕비와 선원들과 함께 출발했다. 6주간의 항해 끝에 그들은 이스터섬의 북쪽 아나케나Anakena 해변의 백사장에 도착했다. 그곳에 왕가를 지었고 호투 마투아(마투아는 '아버지'를 의미함)의 후손들이 천 년 동안 통치했다.

히바 사람들이 망망대해에서 그 작은 지점까지 장대한 항해를 어떻게 해냈는지 알려진 바는 없다. 그런데 그들이 상륙한 후에 한 일이 더 흥미롭다. 라파누이Rapa Nui라고 불리는 이 개척자들은 고립된 섬에 조금씩 사회가 형성되어감에 따라 조각 활동을 시작했다. 현무암 토키(toki, 돌도끼)를 이용하여 부드러운 응회암을 조금씩 깎아 거대하고 기이한 조각상을 만들었다.

라노 라라쿠Rano Raraku 분화구에는 높이 2~20미터, 무게 40톤에 달하는 모아이가 900개 가량 조각되어 있다. 이 중 다수가 섬을 가로질러 바다까지 운반된 후 아후(ahu, 제단) 위에 세워졌다. 이 무거운 석상들을 어떻게 곧장 옮겼는지 아직까지 풀리지 않은 미스터리이다. 전설에 따르면 사제들이 마나(mana, 영적 에너지)로 모아이를 움직였다고 한다. 하지만 나무 썰매와 많은 인력을 동원했을 가능성이 더 크다.

모아이는 조상 숭배 관습의 일부였던 것으로 추정된다. 라파누이족은 조상들의 영혼이 죽음 이후에도 오랫동안 곁에 남아 있기 때문에 필요할 때 도움을 요청할 수 있다고 믿었다. 따라

서 중요한 씨족 구성원이 사망하면 채석장에서 모아이를 깎아 씨족 마을을 마주보고 있는 아후에 세워 산 사람들을 보살피게 했다.

일부에는 붉은 화산암재로 만든 푸카오(pukao, 모자)를 씌우거나 흰색 산호로 눈동자를 박았다. 석상이 눈을 뜨고 있으면 내면의 힘이 불타오른다고 믿었다. 모아이는 권력을 상징하는 타파(tapa, 신성)였다.

마나가 모아이를 통해 전승된다는 이유로 부족 간에 점점 치열한 경쟁이 일어났다. 이웃보다 더 큰 석상을 세워야 더 많은 부를 얻는 것이었다. 섬에서 전쟁이 발발하면 심지어 상대 부족의 모아이를 무너뜨리는 일까지 일어났다.

마을 전체가 석상에 집착한 나머지 모두가 자멸하는 결과를 초래했다. 모아이를 이동시키기 위해 나무를 죄다 베는 바람에 라파누이족은 빠르게 악화되는 환경에서 벗어날 카누조차 만들 수 없었다. 결국 보호받고자 세웠던 조각상이 라파누이를 몰락시킨 핵심 원인이 되고 말았다.

이스터섬은 산티아고에서 비행기로 5시간, 타히티에서 6시간 걸리는 거리에 있어 가는 것 자체가 큰 모험이다. 하지만 일단 도착하면 많은 모아이 유적지를 탐사할 수 있다. 예를 들어 나란히 서 있는 아후 통가리키Ahu Tongariki의 15개 석상과, 아름다운 아나케나 해변의 조각상을 감상할 수 있다. 아니면 라노 라라쿠 분화구로 가서 라파누이족이 마법 같은 작업을 했던 채석장 주변을 산책해도 좋다.

그뿐만 아니라 창조의 신 마케마케Makemake를 기리는 특이한 탕가타 마투Tangata Matu, 즉 버드맨 의식에 대해 배울 수도 있다. 이 의식은 이스터섬이 황폐해지고 인구가 급감하며 모아이 숭배가 중단된 시기에 신앙의 역할을 했다. 이 무렵 유일하게 남은 식량원은 바다 철새뿐이었던 터라, 검정제비갈매기가 제일 처음 낳은 알을 찾아 가져오는 경기가 중요한 연례행사였다.

섬에서 가장 높은 지위의 사람들이 각각 호푸(hofu, 젊고 신분이 낮은 남자)를 지명하여 모투누이Motu-Nui섬 앞바다로 헤엄쳐 가서 가져오도록 했다. 우승한 이의 후원자는 선물을 받고 권력을 쥐었다. 반면에 호푸 대부분은 절벽에서 떨어져 익사하거나 상어에게 먹혔으니 살아만 돌아와도 행운으로 여겼다.

섬의 남서쪽 끝 칼데라 화산호에 위치한 오롱고Orongo는 버드맨 숭배의식의 중심지였다. 의식이 열렸던 마을에 나지막한 둥근 석조 건물들이 아직 남아 있다. 그리고 지금도 위험해 보이는 파도 너머로 작은 모투누이섬을 바라보고 있노라니, 이 이상한 경기를 목숨 걸고 해야만 했던 영혼들이 가엾게 느껴진다.

여성 · 가족

## 나이들어도 스타일나게 살고 싶다

**나이들었어도 혼자여도 얼마든지 행복할 수 있다**

쇼콜라 지음| 이진원 옮김 | 184쪽 | 12,000원

뉴욕 최고의 퍼스널 쇼퍼가 알려주는

## 패션 테라피

**세월이 흘러도 변치 않는 경쟁력 있는 패션의 정석**

베티 할브레이치, 샐리 웨디카 지음 | 최유경 옮김 | 272쪽 | 13,900원

## 일흔 넘은 부모를 보살피는 72가지 방법

**함께 살지 못해도 노부모를 편안하게 보살필 수 있다! 중앙치매센터 추천도서**

오타 사에코 지음 | 오시연 옮김 | 256쪽 | 13,900원

여행 · 인문

## 예술이 좋다 여행이 좋다

**걸작이 탄생한 곳으로 떠나는 세계여행**

수지 호지 지음 | 에이미 그라임스 그림 | 최지원 옮김 | 208쪽 | 19,000원

## 문학이 좋다 여행이 좋다

**위대한 소설의 무대로 떠나는 세계여행**

세라 백스터 지음 | 에이미 그라임스 그림 | 이정아 옮김 | 216쪽 | 19,000원

## 신화가 좋다 여행이 좋다

**신화와 전설이 깃든 곳으로 떠나는 세계여행**

세라 백스터 지음 | 에이미 그라임스 그림 | 조진경 옮김 | 208쪽 | 19,000원

## 영화가 좋다 여행이 좋다(출간 예정)

**웰메이드 무비의 배경으로 떠나는 세계여행**

세라 백스터 지음 | 에이미 그라임스 그림 | 최지원 옮김

**성지**가 좋다
**여행**이 좋다

초판 1쇄 발행 2023년 3월 27일

**지은이** | 세라 백스터
**일러스트** | 해리 골드호크, 자나 골드호크
**옮긴이** | 최경은
**디자인** | 아르케
**인쇄 · 제본** | 한영문화사

**펴낸이** | 이영미
**펴낸곳** | 올댓북스
**출판등록** | 2012년 12월 4일(제 2012-000386호)
**주 소** | 서울시 마포구 연희로 19-1, 6층(동교동)
**전 화** | 02)702-3993
**팩 스** | 02)3482-3994

ISBN 979-11-86732-65-6(03980)